BINGQI DAGUAN

U0622880

兵器大观

王洪　主编

广西科学技术出版社

图书在版编目（CIP）数据

兵器大观 / 王洪主编 . —南宁：广西科学技术出版社，
2012.8（2020.6重印）

（绘图新世纪少年工程师丛书）

ISBN 978-7-80619-730-1

Ⅰ . ①兵… Ⅱ . ①王… Ⅲ . ①武器—少年读物 Ⅳ .
① E92-49

中国版本图书馆 CIP 数据核字（2012）第 192529 号

绘画新世纪少年工程师丛书
兵器大观
BINGQI DAGUAN

王洪 主编

责任编辑 罗煜涛		**封面设计** 叁壹明道	
责任校对 梁 炎		**责任印制** 韦文印	

出 版 人 卢培钊

出版发行 广西科学技术出版社

（南宁市东葛路 66 号 邮政编码 530023）

印 刷 永清县晔盛亚胶印有限公司

（永清县工业区大良村西部 邮政编码 065600）

开 本 700mm×950mm 1/16

印 张 14

字 数 180 千字

版次印次 2020 年 6 月第 1 版第 5 次

书 号 ISBN 978-7-80619-730-1

定 价 28.00 元

本书如有倒装缺页等问题，请与出版社联系调换。

序

在21世纪，科学技术的竞争、人才的竞争将成为世界各国竞争的焦点。为此，许多国家都把提高全民的科学文化素质作为自己的重要任务。我国党和政府一向重视科普事业，把向全民，特别是向青少年一代普及科学技术、文化知识，作为实施"科教兴国"战略的一个重要组成部分。

近几年来，我国的科普图书出版工作呈现一派生机，面向青少年，为培养跨世纪人才服务蔚然成风。这是十分喜人的景象。广西科学技术出版社适应形势的需要，迅速组织开展《绘图新世纪少年工程师丛书》的编写工作，其意义也是不言自明的。

青少年是21世纪的主人、祖国的未来，21世纪我国科学技术的宏伟大厦，要靠他们用智慧和双手去建设。通过科普读物，我们不仅要让他们懂得现代科学技术，还要让他们看到更加灿烂的明天；不仅要教给他们一些基础知识，还要培养他们的思维能力、动手能力和创造能力，帮助他们树立正确的科学观、人生观和世界观。《绘图新世纪少年工程师丛书》在通俗地讲科学道理、发展史和未来趋势的同时，还贴近青少年的生活讲了一些实践知识，这是一个很好的思路。相信这对启迪青少年的思维，开发他们的潜在能力会有帮助的。

如何把高新技术讲得使青少年能听得懂，对他们有启发，对他们今后的事业有作用，这是一门学问。我希望我们的科普作家、科普编辑和科普美术工作者都来做这个事情，并且通力合作，争取为青少年提供更多内容丰富、图文并茂的科普精品读物。

《绘图新世纪少年工程师丛书》的出版，在以生动的形式向青少年读者介绍高新技术知识方面做了一次有益的尝试。我祝这套书的出版获得成功。希望广西科学技术出版社多深入青少年读者，了解他们的意见和要求，争取把这套书出得更好；我也希望我们的青少年读者勤读书、多实践，培养科学兴趣和科学爱好，努力使自己成为21世纪的栋梁之才。

周光召

编者的话

《绘图新世纪少年工程师丛书》是广西科学技术出版社开发的一套面向广大少年读者的科普读物。我们中国科普作家协会工交专业委员会受托承担了这套书的组织编写工作。

近几年来，已陆续有不少面向青少年的科普读物问世，其中也有一些是精品。我们要编写的这套书怎样定位，具有什么样的特色，以及把重点放在哪里，都是摆在我们面前的重要问题。我们认为，出版社所提出的这个选题至少有三个重要特色。第一，它是面向青少年读者的，因此我们在书的编写中应尽量选取他们所感兴趣的内容，采用他们所易于接受的形式；第二，这套书是为培养新世纪人才服务的，这就要求有"新"的特色，有时代气息；第三，顾名思义，它应偏重于工程，不仅介绍基础知识，还对一些技术的原理和应用做粗略的描述，力求做到理论联系实际，起到启迪青少年读者智慧，培养创造能力和动手能力的作用。

要使这套书全面达到上述要求，无疑是一项十分艰巨的任务。为了做好这项工作，向青少年读者献上一份健康向上、有丰富知识的精神食粮，我们组织了一批活跃在工交科普战线上的、有丰富创作实践经验的老科普作家，请他们担任本套书各分册的主编。大家先后在一起研讨多次，从讨论本套书的特色、重点，到设定框架和修改定稿，都反复研究、共同切磋。在此基础上形成了共识，并得到出版社的认同。这套书按大学科分类，每个学科出一个分册，每个分册均由5个"篇"组成，即历史篇、名人篇、技术篇、实践篇和未来篇。"历史篇"与"名人篇"介绍各个科技领域的发展历程、趣闻铁事，以及为该学科的发展作出杰

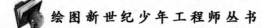

出贡献的人物。在这些篇章里，我们可以看到某一个学科或某一项技术从无到有，从幼稚走向成熟的过程，以及蕴含在这个过程里的科学精神、科学思想和科学方法。这些对于青少年读者都将很有启发。"技术篇"是全书的重点，约占一半的篇幅。在这一篇里，通过许多各自独立又互有联系的篇目，一一介绍该学科所涵盖的一些主要的、有代表性的技术，使读者对此有一个简单的了解。"实践篇"是这套书中富有特色的篇章，它通过一些实例、实验或应用，引导我们的读者走近实践，并增加对高新技术的亲切感。读完这一篇之后，你或许会惊喜地发现，原来高新技术离我们并不遥远。"未来篇"则带有畅想、展望性质，力图通过科学预测，向未来世纪的主人——青少年读者们介绍科技的发展趋势，以达到开阔思路、启发科学想像力和振奋精神的作用。

在这套书中，插图占有相当大的篇幅。这些插图不是为了点缀，也不只是为了渲染科学技术的气氛，更重要的是，通过形象直观的图和青少年读者所喜闻乐见的表现形式去揭示科学技术的内涵，使之与文字互为补充，互相呼应，其中有些图甚至还起到比文字更易于表达意思的作用。应约为本套书设计插图的，大都是有一定知名度的美术设计家和美术编辑。我们对他们的真诚合作表示由衷的感谢。

尽管我们在编写这套书的过程中，不断切磋写作内容和写作技巧，力求使作品趋于完美，但是否成功，还有待读者来检验。我们希望在广大读者及教育界、科技界的朋友们的帮助下，今后再有机会进一步充实和完善这套书的内容，并不断更新其表现形式。愿这套书能陪伴青少年读者度过他们一生中最美好的时光，成为大家亲密的朋友。

这套书从组织编写到正式出版，其间虽几易其稿，几番审读，但仍难免有疏漏和不妥之处，恳请读者批评指正。我们愿与出版单位一起，把这块新开垦出来的绿地耕耘好，使它成为青少年读者流连忘返的乐土。

中国科普作家协会工交专业委员会

目 录

历 史 篇

　　恩格斯说过："根据我们已发现的先史时期的人与现在不开化的野蛮人的生活方式来判断，最古老的工具究竟是些什么东西呢？是打猎和捕鱼的工具，而同时又是武器。"这就是说，原始人的劳动工具和在部落战争中所使用的武器，是同一类东西，两者是很难区分的。

　　中国古代兵器的重大发明对世界兵器史的影响，最突出的是火药在军事中的应用和原始管形射击火器的发明。中国发明的火药是对世界文明的伟大贡献，同时中国也是最早将火药应用于军事的国家，而火药及火药兵器的西传，使世界兵器发生了划时代的巨大变革。中国不仅是火药的故乡，同时也是火箭的故乡，中国古代火箭的发明，是对世界文明的又一伟大贡献。

古代的兵器

冷兵器发展的历史几乎与人类社会的发展史一样悠久，这一历史已有二三百万年之久。1929年，我国著名古人类学家裴文中在北京房山县周口店的龙骨山发现了距今50万年的"北京猿人"化石。他从北京猿人当年使用的石器中，发现了一种"似镞石器"。这种石器很尖，形状像矛，所以人们把它叫做石矛。另外还有一种用磨尖的兽骨做成的矛，叫做骨矛。这些石矛、骨矛既是古人生活中使用的工具，同时又是他们在打仗时使用的兵器。

兵器从一开始就可分为两大类：一类是劈

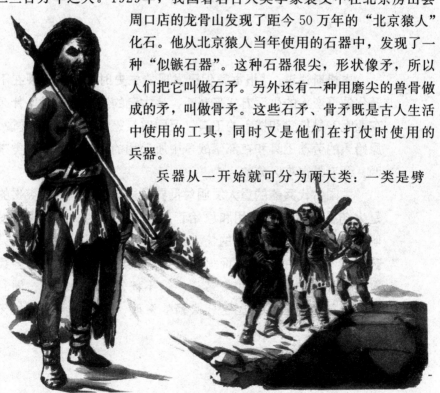

刺型，最原始的劈刺型兵器是木棒；另一类是投掷型，最原始的投掷型兵器是石块。

我国在原始社会和夏朝（开始进入奴隶社会），战场上主要使用石兵器。从我国历年出土的新石器时代的器物来看，石兵器包括石戈、石矛、石刀、石弹、石斧等。在人类历史的长河中，石兵器使用的年代最长，直到铁兵器兴起和发展以后，石兵器才逐渐退出历史舞台。

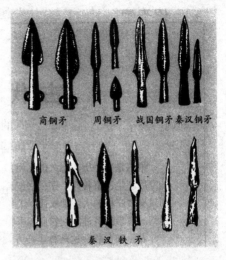

商铜矛　周铜矛　战国铜矛秦汉铜矛

秦汉铁矛

青铜是人类最早使用的金属，青铜兵器是人类最早使用的金属兵器。在原始社会后期，我们的祖先已掌握了冶炼铜的技术。到了夏朝，冶铜业已发展成为独立的手工业部门，这些部门除制作日常生活用品之外，也制造和战争有关的器械。

到了商代，铜器的制造技术有了长足的进步，已能够制造出较大的铜戈、铜矛、铜刀、铜斧、铜镞等兵器。到春秋时代，铜兵器的品种和质量都有发展，主要的进攻性兵器有铜戈、铜矛、铜戟、铜剑和铜制弓矢等。这些青铜兵器的做工已相当精美，它们不但是战场上的利器，而且也是供人欣赏的工艺品。商朝至春秋时期是青铜兵器的极盛时期，那时军队的武器装备都是清一色的青铜兵器。

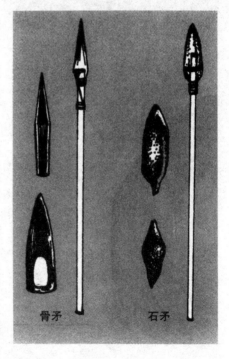

骨矛　　　　　石矛

战国以后，进入了以铁兵器为主的时代。秦始皇统一六国后，大量销

· **3** ·

毁铜兵器，而代之以铁兵器。从秦朝到汉朝，都是用铁来制造兵器的。西汉的铁兵器比秦朝更有改进。如刀、剑的长度加长，长剑的长度达 1 米以上，剑的刺、砍两用性能日臻完善，剑与矛、盾并用，它们都是步兵的主要兵器；弓弩的射程已远达千余步，射箭用的矢多种多样，在有的矢尖上还涂有毒药等物。据记载，先秦时期楚国宛县（今河南南阳）造出的铁矛利如蜂刺，锐似蝎尾。这说明当时的钢铁冶造技术已经相当高超。

在北宋以前，战场上使用的兵器是以冷武器为主。它又可以区分为三个阶段，即"石器时代"的兵器、"青铜时代"的兵器和"铁器时代"的兵器，它们分别代表了冷兵器的发生、发展和成熟的过程。

古代的战争

　　中国是一个历史悠久的文明古国。古代耕种业的发展产生了农业；饲养业的发展产生了畜牧业。据史书记载，古代最早创立饲养业的人叫伏羲氏，而把那最早种庄稼的人叫神农氏。大约在六七千年前，我国氏族公社的经济生活由前期的渔猎经济过渡到农业和畜牧经济。

　　农业和畜牧业这两种生产方式产生了两种不同组织形式的人类社会。在这两种社会文明中，畜牧业的发展越快，

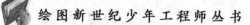

就越需要寻找新的草地。而部落人口越集中，就越需要更多的粮食来供应部落居民，这样一来就需要不断扩大耕地面积。无论是寻找新的草地还是扩大耕地面积，都有可能导致对外扩张。这就是古代战争的主要起因。

据记载，中国古代最早的一次战争发生在公元前26世纪至公元前22世纪的神农氏时代。当时生活在今河南省东北部的神农氏部落，与生活在今山东省西南部的斧燧部落，因经济利益方面的矛盾而发生了冲突。结果是神农氏部落打败了斧燧部落。

到了黄帝时代，发生了一场规模更大的战争。黄帝部落最早居住在我国西北方的姬水附近，后来移居涿鹿一带，由于努力发展畜牧业和农业而逐渐兴盛起来。当时活动于淮水流域一带的九黎族，其首领名叫蚩尤。蚩尤联合81个小部落，向北方进发，当推进到黄河中游地区时，与由渭水东来的炎帝族相遇并发生了冲突。炎帝族打不过九黎族。后来炎帝族与黄帝族联合起来共同对付九黎族，双方"大战于涿鹿之野"。当时黄帝族依靠"指南车"指引方向，结果九黎族被打败，蚩尤被杀。当时双方在战场上使用了刀、戟、弓、弩等兵器。

古时候打仗在形式上比较简单,强调"兵对兵、将对将",两军开赴战场以后摆开阵势,实行短兵相接的肉搏战,胜负很快见分晓。

在原始社会是"工(具)兵(器)合一"的。正如恩格斯所说:"最古老的工具究竟是些什么东西呢?是打猎和捕鱼的工具,而同时又是兵器。"在原始社会既没有专用的兵器,也没有专门的军队。劳动者一到战时就变成了战士,他们手中的生产工具一到战时也就变成了作战武器。原始人群进行狩猎和捕鱼的工具,起先只不过是一些普通的石块和木棒,后来才逐渐进化到使用铜器和铁器。兵器的发展过程也是这样走过来的。

约公元前 21 世纪,夏朝建立,这是我国奴隶社会的开始。奴隶主为巩固其统治,开始建立专门用来作战的军队。从此,作战人员与劳动者之间开始有了明确的分工。

十八般兵器

　　在冷兵器的发展过程中，数我国的兵器种类最多。我国民间广泛流传着"十八般兵器"的说法。不过，对于这些兵器的名称说法不一。一种说法是：刀、枪、剑、戟、棍、棒、槊（shuò）、镋（tǎng）、斧、钺、铲、钯、鞭、锏、锤、叉、戈、矛；另一种说法是：弓、弩、枪、刀、剑、矛、盾、斧、钺、戟、鞭、锏、锏、殳（shū）、叉、耙头、绵绳套索、白打。不过，多数典籍中认为十八般兵器是：刀、枪、剑、戟、斧、钺、钩、

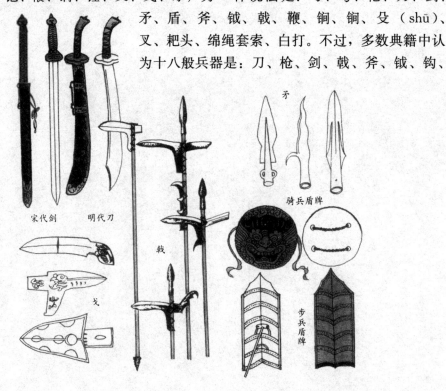

宋代剑　　明代刀　　　　　　戟　　矛　　骑兵盾牌　　步兵盾牌　　戈

叉、铜、棍、槊、棒、鞭、铜、锤、拐子、流星。

对于十八般兵器的种种不同说法，说明了我国古代的冷兵器远不止十八种。与十八般兵器相对应的还有"十八般武艺"之说，而十八般武艺正是衡量古代武将、武术大师的技艺水平和使用兵器娴熟程度的公认标准。

对于十八般兵器的演练，其中有不少至今仍保留在武术、杂技和某些戏剧之中，成为人们喜闻乐见的体育活动和技艺表演。

相传越王勾践请来制剑大师欧冶子为他精心炼制了五把宝剑，分别起名为湛卢、纯钩、胜邪、鱼肠、巨阙，都是"削铁如泥"的稀世珍宝。剑面光彩照人，略带花纹。当时的"相剑"专家把它们比作刚刚开放的花朵、正在融化的冰块……可见我们的祖先制剑技艺之高超！

在越国被吴国打败以后，勾践为了实现求和的目的，忍痛将湛卢、胜邪、鱼肠这三口宝剑奉献给吴王阖闾。后来，吴王无道，成天吃喝玩乐，对国事无所用心，政治腐败，以致连这些宝剑居然也"自行而去"，不翼而飞！

有一天，楚国的楚昭王从梦中醒来，突然发现身边多了一把宝剑，在不胜惊异之余，赶忙请来了著名剑师风胡子对这把宝剑进行鉴别。风胡子认定"这就是那口知名的湛卢宝剑"。打这以后，楚昭王一直将这口宝剑时刻带在身边，"须臾不离"。当时人们是这样来评价这口宝剑的：要买这口剑，即使以满满一城的钱，以一河的珠宝，也换不到。可见人们把这口剑奉为无价之宝。

越王剑

楚昭王手不离湛卢宝剑

越王勾践的宝剑后来失传了，千百年来杳无踪影。直到 1965 年，我国的考古工作者在发掘湖北省江陵县望山一号楚墓的时候，终于找到了这个稀世珍宝。化验表明，勾践宝剑是用锡青铜铸成的，其中还含有少量的铝和微量的镍。这是我国古代兵器中罕见的珍品，也是世界上已经发现的最早的青铜宝剑。

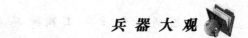

抛石机——最古老的炮

炮是我国最先发明的。炮的前身是一种利用杠杆原理抛掷石头去打击敌人的抛石机。在《明史》里是这样说的："古来所谓炮，都是用机发石。"因此古时候的文字不是用火字旁的"炮"，而是用石字旁的"砲"。"砲"者抛也，也就是抛掷石弹的意思。

据史书记载，早在公元前700多年前的周朝末年，我国就已经出现了抛石机。在《范蠡兵法》一书中是这样说的："飞石重十二斤，飞机发射

二百步。"

起初采用的抛石机主要有两种。

其中一种抛石机也叫"虎蹲炮"。它由甩杆及炮架两大部分组成，在甩杆的中间装上一个可旋转的横轴。甩杆的一端挂着一个弹筐，弹筐上系着一根"定向绳"，由一至二人来操纵；而甩杆的另一端系着许多条绳索，每条绳索由一人负责拉。根据指挥者的统一口令，大家同时一齐用力拉绳，石头便被抛将出去。有的抛石机拉绳人数多达250人，一次能把一筐45千克（90市斤）重的石头抛出50步开外。可见这种抛石机在古代战场上具有一定的威慑作用。因为古时候打仗很讲究"队列"、"阵法"，许多人排着队一齐往前冲。这种笨拙的战法，若遇上了对方的抛石机，也够瞧的！

在宋朝，使用抛石机作战，攻城时是从城外把石头往城里抛，守城时是从城内把石头往城外抛。起初，用来守城的抛石机大都架在城墙上。这样固然可以"居高临下"地打击城外攻城的敌人，但这样做也比较危险，

往往容易遭到城外攻城的敌人抛过来的石头的攻击。于是，人们只得把抛石机从城墙上搬回到城墙内，实行隔墙抛射。具体做法是这样的：派一个人站在城墙上（相当于现代战场上的瞭望哨），一边观察城外的敌情，一边指挥城内的抛石机如何进行抛射。这就是早期的"间接瞄准抛射"法。它同现代迫击炮的"间接瞄准射击"是同一个道理。自然，现代迫击炮在打炮时不必派人站到高处去"瞭望"，而是利用现代光学瞄准具来进行瞄准。

早期的抛石机，到后来就有所发展，不仅能抛射石头，也能抛射其他东西。比如：既能抛射石头，也能抛射箭矢的，叫做弩炮；除能抛射石头以外，还能抛射圆木和箭矢的，叫做抛射炮。在唐宋时期，抛石机还用来抛射黑色火药做成的火药包，以及带有黑色火药和药线的箭头，在战场上起着纵火和烧杀的作用。这种火药包就是现代炮弹的鼻祖。

火药的发明

　　火药同指南针、活字印刷术和造纸术一起，并列为中国古代的四大发明。火药的发明时间，多数典籍中认为是在公元9～10世纪。古代的火药，是以硝石、硫磺、木炭（或其他可燃物）为主要原料的黑色混合物，点着以后，它便迅速燃烧并且冒烟（在一定条件下还会爆炸），所以叫做黑色火药，也叫有烟火药。

　　我国古代炼丹术的发展，促进了人们对硝、硫、炭这三种物质的认识，为火药的发明创造了物质条件。炼丹术大约是在战国时代兴起的。所谓"炼丹"，它是古代的王公贵族们为了"长生不老"而精心炼制的一种能够服用的药品。当时的炼丹师认为硫磺和硝石有毒，必须经过"伏火"之后才能服用。在对硫磺和硝石的混合物进行"伏火"时往往会冒出火焰，这一现象很快引起了人们的注意，而"火药"这个名词正是由于"药品"着了"火"这一现象而引申出来的。

　　唐代初期的药物学家孙思邈也搞过炼丹制药，后世人称他为药王。在他所著的《丹经》一书中，对"伏火"作了比较完整的说明，这也是关于火药的最早的正式记载。

火药的起源

孙思邈炼丹"伏火"

火药发明以后，先后经由印度、阿拉伯传至欧洲及世界各地，推动了人类文明的发展，迎来了兵器的革命。

硫磺、木炭和硝石这三样东西，除木炭外，硫磺和硝石本来都是做药用的，但把这三样东西按一定比例混合之后，就变成了另一种"脾气古怪"的东西。它能迅速燃烧，甚至发生爆炸。这是为什么呢？这还得从这三样东西各自的秉性来进行分析。

硝石也叫苦硝或地霜，其学名叫做硝酸钾。它在高温下会自行分解出氧，是一种强氧化剂。而硫磺是一种呈淡黄色的矿物质，它在火药中起着三个作用：一是作为黏结剂；二是作为燃烧剂（硫磺中的硫一遇上氧便被氧化而燃烧，同时放出大量的热）；三是使火药的燃点降低，更易于点着。木炭所含的主要成分是碳，同时也含有氢、氧等元素。碳在高温下会被迅速氧化，并在氧化过程中放出大量的热（比硫氧化燃烧时所放出的热量多一倍以上）。所以，把硝石、硫黄、木炭这三样都带"火暴脾气"的东西混在一起，一经点着，它们自然就会"大发雷霆"了。

黑色火药的突出特点是在燃烧过程中能自己分解出氧，而无需由外界空气来供给氧。它的这一特点在现代火箭推进剂中被利用上了，为人类探索太空创造了有利条件。

火药在敞口容器中被点着时就燃烧起来，而在密闭容器中被点着时就发生爆炸。有些爆炸性火器就是利用黑色火药的这一特性制成的。

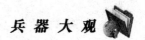

抛射火器的诞生

在火药发明以前，人们在打仗时也经常采用火攻法，就是将草艾、油脂一类的东西点着，通过熊熊烈火来烧杀敌人。在火药发明以后，人们发现火药的燃烧比草艾、油脂更为猛烈，并且不易扑灭，同时在燃烧时还能发出一种令人畏惧的响声。火药的这些特点，正适合于用来制造武器。后来有人利用抛石机来把点着了的球形火药包抛射出去，以作为攻城的武器，由于这种火药包在抛射出去以后像火龙一样地在空中飞舞（同时发出呼呼的响声），故"飞火"以此而得名。实际上这就是现代火炮的雏形，是最早的火药燃烧武器。到北宋时期（公元960～1127年），我国已开始制造具有爆炸作用的火器了。当时人们用纸卷成纸管，装入火药，插上药捻（药线）。当点燃药捻而引燃火药以后，纸管被炸开，其响声如雷，威震四方，既具有一定的杀伤作用，也具有精神上的威慑作用，取名叫"霹雳炮"。

南宋初期的"飞火"和"霹雳炮"，到南宋末年已演变成"震天雷炮"和"铁火炮"。震天雷炮与铁火炮虽然仍采用抛石机来发射（这同"飞火"及"霹雳炮"是一

飞火

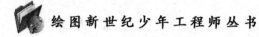

霹雳炮

样的），但盛装火药的容器已不是用纸及布包来制作，而是采用金属材料来制作了。

震天雷炮和铁火炮是当时金兵首先使用的金属火药兵器。到 13 世纪时，作为敌对双方的宋兵和金兵在战场上都已采用由金属制成的火药兵器。另外，金兵在同蒙古兵作战的过程中，也曾多次使用过震天雷炮一类的金属火药兵器。

例如，宋宁宗嘉定十四年（公元 1221 年），金兵向南侵犯蕲州（今湖

震天雷炮

北蕲春），在攻城过程中他们把大量的"铁火炮"通过抛石机抛射到蕲州城内，使宋兵伤亡惨重。

宋理宗绍定四年（公元 1231 年），蒙古兵向金兵发起进攻，攻占了河中府（今山西永济），当时守城金将板讹在水路逃跑的过程中，被一条横在河道上的船挡住了去路，他下令施放"震天雷炮"，炸毁了那条船，这才使金兵得以逃脱。

震天雷炮和铁火炮，都是以铸铁做容器而内装火药所制成的爆炸性火器，炮上都有火药捻。在用抛石机进行抛射时，先将药捻点着。药捻的长度是在事先估算好了的，当炮被抛至目标处时，药捻正好引燃铁壳里的火药而爆炸。这类震天雷炮和铁火炮自然要比以纸做容器来装填火药的霹雳炮的爆炸威力大得多。

管形火器的诞生

宋高宗绍兴二年（公元1132年），金兵进攻湖北德安府（今湖北安陆县）。当时有一位名叫陈规的军事家发明了一种管形火器——火枪，为现代枪炮的诞生奠定了基础。这种火枪是用长竹管制作的，枪管里装满火药。战斗时将火药点着，用以杀伤敌人。

到南宋理宗开庆元年（公元1259年），在寿春县（今安徽寿县）又出现了一种新的管形火器，叫做"突火枪"。这种枪仍然是以竹管制作枪身，竹管内装填着火药，而火药的前端安放着一种叫做"子窠"的东西。枪尾有用于操作的手柄。发射时，用点火物点燃竹管内的火药，顿时产生大量气体，竹管内的压力骤然增高，将子窠推射出去，同时发出震耳的响声。子窠就是最早的子弹，实际上就是碎铁片、瓷片一类的东西。突火枪是最早的管形射击兵器，现代的枪炮都是沿袭这个发射原理制造出来的。

到了元朝，管形火器有了较大的发展，其制作材料已由竹子改为金属。起初是用青铜，叫做"铜火铳"；后来改用铸铁，叫做"铁火铳"。"火铳"

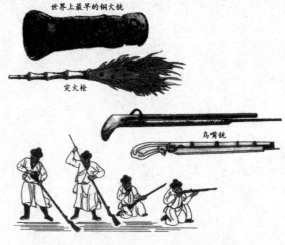

世界上最早的铜火铳

突火枪

鸟嘴铳

明代鸟嘴铳及其装药、装药捻和发射过程

也叫"手铳"。渐渐地，人们不仅给它装填火药，同时还装填球形铁弹丸或石球，从而开创了在金属管形火器中装填弹丸的先例。这就是最古老的火炮。

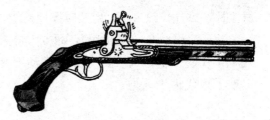
燧发枪

到了明代，我国的兵器制造技术可以与欧洲各国相匹敌，而到清代就开始衰落了。

鸟嘴铳也叫鸟嘴枪，是一种小型管形火器，是明代中期的军中火器之一。这种枪完全以火药作为动力，其外形与后来出现的步枪颇为

明代御制御用火枪

相似。它是近代步枪的雏形，其子弹为多颗细铁珠，与现代猎枪子弹类同。据明史《兵志》一书记载："鸟嘴铳为军中所用利器，以钢铁为管，以木橐（tuó）承之，中贮铅丸，所击人马洞穿，发射可及二百步。"

英国人在 15 世纪制造了一种"火绳枪"。它是将一根铁制的短圆筒末端封死，固定在矛或戟的木托顶端，内装火药，在铁筒的末端有导火孔，用一根麻绳作"火绳"点燃发射。枪弹是一些形状不规则的实心弹丸。后来为了操作方便和控制点火时间，增设了一个"击发机构"，也就是通过扣动扳机来使被点着的"火绳"伸向药池。

火绳枪的"火绳"在下雨天不易点着，再说在夜间使用时也容易暴露自己。到了 16 世纪，在欧洲出现了一种"燧发枪"，就是把一块燧石（打火石）夹在击锤的夹口内，当击锤张开时便处于待发状态，扣动扳机时击锤解脱，借助弹簧力的作用使燧石打击药池。

在清宫所珍藏的明代火枪中，有一支是明代皇帝"御制御用"的。该枪长约 3.68 米，靠近枪托一边装有一

火绳枪

根撑杆，撑杆长约 1 米，射击时撑杆支地，以便于瞄准。

到了明代后期（17 世纪），西方火枪火炮开始传入中国。从 19 世纪五六十年代起，清政府在洋务派的推动下开始创办近代军事工业，在我国出现了近代火枪火炮。

火箭的由来和发展

唐朝末年（公元 9～10 世纪），火药已开始在军事上应用了。宋朝初期（公元 969 年），冯义升和岳义方等人试制火箭成功。当时那种原始火箭就是近代火箭的"雏型"，近代的火箭技术就是在此基础上逐步发展起来的。

中国的火箭及火箭技术在公元 13 世纪传入阿拉伯世界及欧洲各国，并在战争中得到广泛的使用和发展。

在明朝末年（17 世纪三四十年代）抵御倭寇侵略的战争中，明军使用过"飞刀"、"飞枪"、火箭等多种式样的火箭武器，在这个时期还出现了带有多支火箭并可以一齐发射的"火箭车"。

在 17 世纪至 19 世纪初，俄国、印度、英国等也都因军事上的需要而大力发展火箭武器。

到 19 世纪中期，虽然火炮已经诞生，但是当时的火炮还是滑膛炮，既打

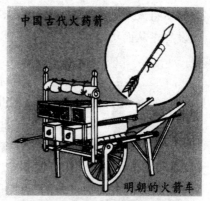

中国古代火药箭

明朝的火箭车

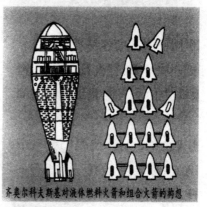

齐奥尔科夫斯基对液体燃料火箭和组合火箭的构想

不远也打不准，且使用起来不如火箭方便，故在战争中仍然多用火箭。

19 世纪末出现了膛线炮管，并且有了新型火药，使得火炮的性能和威

力都大有提高，而在这期间火箭技术
发展不大，于是火箭在战争中用得越
来越少。在 1905 年的日俄战争和第一
次世界大战中，火炮锋芒毕露，而火
箭用得很少。

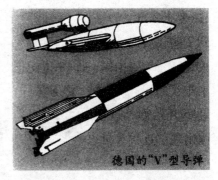

德国的"V"型导弹

在 19 世纪末至 20 世纪初这个阶段
中，研究火箭技术的代表人物包括俄
国科学家齐奥尔科夫斯基和美国科学
家戈达德等。由于当时的火药性能不高，使火药火箭的发展受到了限制，
齐奥尔科夫斯基大胆地提出了液体燃料火箭和组合火箭（即"火箭列车"）
的设想，从而奠定了现代火箭技术的基础。

由于液体推进剂、新型固体推进剂、高
温材料、电子技术等的发展，加快了火箭技
术的发展步伐。戈达德于 1926 年成功地发射
了世界上第一枚液体燃料火箭，其飞行速度
比音速（340 米/秒）还快。

到 20 世纪 30 年代，欧洲人发明了火箭
发动机，造出了能打几十千米远的火箭弹。
不过那时的火箭弹都是没有控制的，其命中
率很低。

由于科学技术的进步，德国人终于在第
二次世界大战末期造出了射程达到 250 千米
的"V"型导弹。

20 世纪 50 年代以后，火箭技术进入了

一个新的发展时期，出现了能够用来发射洲际导弹、人造卫星及宇宙飞船的大型运载火箭，以及用来发射各种中短程导弹的中小型火箭。各种火箭与相应的控制系统相结合，就构成了各式各样的导弹。

洲际导弹的诞生

    1945 年 5 月希特勒德国战败后，前苏联军队占领了德国的火箭基地佩纳明德岛和罗德豪森。当时厂区满目疮痍，大部分设备已遭破坏。在运回前苏联的有用设备和火箭成品、半成品中，有两枚完整的 V-2 导弹。不久，前苏联人又从德国抓获上千名技术人员，其中有上百名火箭专家，让他们担任军事技术顾问。战后的前苏联尽管经济极为困难，但他们对远程火箭的研制是不遗余力的。1947 年 10 月 30 日仿制 V-2 导弹成功，制造了几百枚。1948 年试射 P-2 地地导弹成功，其射程为 300 千米（P-2 导弹是 V-2 导弹的改进型，西方编号为 SS-1）。1949 年 8 月 29 日前苏联的第一颗原子弹爆炸成功。"两弹"结合，一时间使得前苏联的远程导弹成为能执世界"牛耳"的战略力量。

1950年SS-2导弹试射成功，其射程达500千米以上，它是SS-1导弹的改进提高型。至此，前苏联已经有能力自己设计和生产远程导弹了，于是在1952年把德国顾问全部遣回原籍。

原有的单级火箭都是使用酒精/液氧做推进剂的，难以进一步提高射程。在一位名叫格鲁申柯的专家的领导下，早在1948年前苏联就开始研制煤油/液氧发动机。到1955年，以煤油/液氧做推进剂的中程导弹SS-3问世，其射程可达1750千米。

前苏联技术专家采取把许多小型发动机并联起来以产生大推力的办法，于1957年8月26日发射洲际导弹SS-6获得成功，其射程达8000千米。这是世界上第一枚洲际导弹。它是把20台小型发动机并联起来，每一台小发动机都是以煤油/液氧做推进剂。1957年10月4日前苏联发射的世界上第一颗人造地球卫星，正是利用了SS-6导弹的巨大推力才获得成功的。

由于SS-6导弹所使用的煤油/液氧推进剂是一种低温液氧推进剂，其发射准备时间长达十几个小时，战地勤务过于繁杂，因此很不适合于实战的需要（在实战中容易遭到敌方飞机和导弹的攻击）。于是，当时的苏联决定加紧研制"可贮存推进剂"，以代替低温液氧推进剂。他们于1959年研

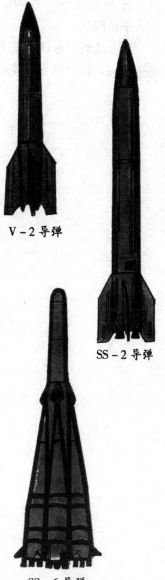

V-2导弹

SS-2导弹

SS-6导弹

制成功煤油/硝酸推进剂，又在1961年研制成功硝酸/偏二甲肼推进剂，使用效果都很好。可贮存推进剂的试制成功，有效地提高了洲际导弹的实战

威力。

在 20 世纪五六十年代，由于前苏联在导弹技术上的辉煌成就，使得美国人手忙脚乱。

西方战略专家认为前苏联第一代导弹取得成功的诀窍是：不惜巨资，集中精英，统一领导；技术上注重实用性和继承性，步步为营。

名 人 篇

　　作战兵器是一个极富挑战性又充满神秘色彩的领域，有许多人为探索其奥秘而贡献了毕生的精力。已故著名学者李约瑟博士有一句名言："科学史是人类文明中一个头等重要的组成部分。"科学技术发展到今天的水平，凝聚了许多代人的智慧和心血。处于现代科学技术前沿的军事科技，集最新科学技术之大成。在这个领域中人才辈出，群芳竞艳，在本篇中仅重点介绍了几位代表人物，他们的业绩载入史册，给人以永恒的启迪。此外，在军事科技领域作出过突出贡献的先驱者还有很多。比如：

　　在 1903 年最先大胆提出采用液体燃料来增大火箭推力这一设想的俄国已故科学家康士坦丁·柴尔柯夫斯基；

　　首次造出世界上第一枚液体燃料火箭的美国已故科学家罗伯特·戈达德；

　　被西方舆论界誉为"中国氢弹之父"的已故著名科学家钱三强教授；

　　被我国广大人民群众尊称为"中国的保尔"的已故著名兵工专家吴运铎；

　　…………

诺贝尔和诺贝尔奖

艾尔弗雷德·伯恩哈德·诺贝尔（1833～1896年），出生于瑞典首都斯德哥尔摩，他父亲是一个机械师兼建筑师。1837年，诺贝尔4岁时随同全家迁居芬兰，后来又到了俄国的圣彼得堡，1859年又迁回瑞典。

诺贝尔8岁时才开始读书。除瑞典文之外，他还精通英文、法文、俄文和德文。1850年他曾去美国学习机械两年。1859年回瑞典以后，他因成功研制了气量计而获得了一项专利。在此以后他就专心致志地研究炸药，一直到他逝世。

诺贝尔

1862年夏天，诺贝尔研制安全硝化甘油炸药获得成功，并且掌握了这种炸药的引爆方法。1864年9月3日，诺贝尔的实验室发生了大爆炸，他的四位助手和他的小弟弟被当场炸死。诺贝尔在万分悲痛之余，仍然继续顽强地潜心研究炸药。市内不准他做实验，他就把实验室搬迁到离斯德哥尔摩市3千米的马拉湖中的一只平底船上，不久他就造出了世界上第一支雷管。

诺贝尔还在硝化甘油中加入甲醇，并以3：1的比例与硅藻土混合，制成了爆炸力非常之强而同时又极其稳定的黄炸药。

1867年7月14日，诺贝尔在英国的一座矿山上，当着一些政府官员、产业界人士和许多记者、工人的面，极其令人信服地演示了他的黄炸药。

他把一包黄炸药从一个 60 米高的悬崖上扔下来，然后又用铁锤猛击这个炸药包，最后居然还把这个炸药包放在火上烧烤。在场观看的人无不为他捏了一把汗，结果居然没事儿，连一点动静也没有；但当他拿出一支雷管来引爆这包炸药时，立刻就是"轰"的一声，地动山摇！从此，诺贝尔的黄炸药和雷管在实业界赢得了极大的信誉，其销售量猛增，赢利极高。诺贝尔很快就成了一位亿万富翁。

1875 年，诺贝尔在经过大量试验的基础上，将硝化纤维与硝化甘油这两种东西混合在一起，制成了胶状炸药。1887 年，他又研制出无烟火药。诺贝尔的名声也越来越大，全世界的人都知道他，尊敬他。

诺贝尔终生未娶，他把毕生精力和全部智慧都献给了科技发明事业，一生发明极多，获专利 255 项。他创办的炸药厂及炸药公司获利累计达 30 亿瑞典币。但诺贝尔并没有用这些金钱来供自己享乐，他始终过着普通人的生活。他曾经这样说："金钱这东西，只要能够解决本人的生活就行了，若是多了它会成为遏制人才能的祸害。""有儿女的人，父母只要留给他们教育费用就行了，如果给予多余的财产，那就是鼓励懒惰，就会使下一代人难以发挥个人的聪明才智和独立生活的能力。"

诺贝尔于 1896 年 12 月 10 日逝世。他在遗嘱中郑重声明："我的整个

遗产不动产部分可作如下处理：由指定遗嘱执行人进行安全可靠的投资，并作为一笔基金，每年将其利息以奖金的形式分配给那些在前一年中对人类作出过贡献的人。奖金共分为五份：一份奖给在物理学领域内有重要发现或发明的人；一份奖给在化学上有重要发现或改进的人；一份奖给在生理学或医学上有重要发现或改进的人；一份奖给在文学领域内有理想倾向、有杰出著作的人；一份奖给在促进民族友爱、取消和减少军队、支持和平事业上作出杰出贡献的人。"

　　诺贝尔奖金从 1901 年开始，每年在诺贝尔逝世日 12 月 10 日颁发。1969 年，诺贝尔基金会为纪念诺贝尔，决定增设了经济学奖。

马克沁和他的机枪

马克沁机枪的出现，开创了自动武器的新纪元，所以人们称马克沁为"自动武器之父"。马克沁于1840年出生在美国东北部的缅因州，由于家境贫寒，他在14岁时被迫辍学当了学徒。他勤奋好学，心灵手巧，自己动手制作过各种精巧仪器，从小就显示出富有创造性的天赋。

马克沁的自动步枪

成年后，马克沁想要研制机枪，但得不到当时美国政府的支持，于是他不得不跑到英国去进行研制。他以超人的毅力和坚韧不拔的精神，克服了重重困难。在不断

马克沁机枪

实践的基础上，他科学地断言：单管机枪利用后坐能量来完成自动装弹和自动射击，理论射速可以达到每分钟600发。对于马克沁的这一大胆设想，当时欧洲的武器专家们大都报以轻蔑的讪笑，英国政界也对此深表怀疑。

1884年，马克沁在通过夜以继日的辛勤劳动之后，造出了几挺机枪"样品"。在试枪过程中，他第一次配备6发子弹，只用1.5秒就全部发射光了。马克沁试验机枪获得成功的消息，不胫而走，一时间，伦敦的头面人物接踵而至，连皇宫显贵也来到了现场，大家都对马克沁的机枪表现

出异乎寻常的兴趣。

第一支马克沁机枪是采用黑色火药的。由于黑色火药的工作压力不稳定，这就势必要影响到这种自动枪的工作性能。无烟火药发明之后，对兵器的发展影响极大。改用无烟火药之后的马克沁机枪犹如锦上添花，成为当时最受青睐的作战武器。

俄国的马克沁机枪

不过，任何一种新式武器，都必须在通过实战考验之后才能真正令人信服。1893～1894 年，马克沁机枪在马塔贝尔经历了第一次战斗洗礼。当时 50 名英国警察配备 4 挺马克沁机枪，使 5000 名手持长矛的祖鲁人在发动几次冲锋之后死伤大半。在 1903～1905 年的日俄战争期间，马克沁机枪也曾显示出巨大的

MK$_1$ 维克斯机枪

威力。与此同时，日本和德国军界也对马克沁机枪表现出极其浓厚的兴趣。从那以后，机枪就不再只用作防御性武器，而成为一种主要的进攻性武器了。

马克沁机枪问世以后，各国竞相仿造，并且通过战争的考验而不断地改进，使其成为举世公认的优良武器。不仅欧美各国的军队广为装备，而且中国的军队对它也不陌生。1914 年，中国开始仿制德国造的马克沁机枪。

马克沁机枪在战场上大显身手长达半个多世纪，这在近代兵器的发展史上是罕见的。马克沁当年提出的武器后坐原理，已成为现代自动武器的理论基础，它在推动兵器现代化的历史进程中是功不可没的。在马克沁机枪问世后 100 多年的今天，尽管几代武器专家对自动武器进行过许多改进和变革，但是万变不离其宗，马克沁当年所提出的基本原理和所采用的基本结构，至今并未过时。

枪械设计家捷格加廖夫

俄罗斯枪械设计家瓦·阿·捷格加廖夫（1880～1949 年）以设计大口径机枪和冲锋枪而享誉世界，并由于对前苏联卫国战争的重大贡献而被授予技术科学博士学位、社会主义劳动英雄称号，并且荣获列宁勋章、劳动红旗勋章和红星勋章。

然而，你是否会想到这位功勋卓著的杰出枪械设计家原来只是上过小学的一名帝俄时代的兵工厂学徒工。

捷格加廖夫出身于工人家庭，由于家境贫困，上完小学就当了兵工厂的学徒工。他人穷志不穷，求知欲望强烈，在繁重的劳动中总是利用空隙时间阅读

捷格加廖夫（1880～1949）

一些科技书籍，想使自己将来成为一名发明家，为社会作出贡献。

功夫不负有心人。17 岁那年，捷格加廖夫根据风车推动磨盘的原理制成了一台风力驱动的机床，并多次请附近工厂帮助改进这台机床，可是得到的只是冷嘲热讽。工厂的德国工程师不仅不支持他，而且还训斥道："别老想搞发明，我才是工程师，而你只不过是个钳工，你应该明白自己该做什么！"这反而更加激励了他去刻苦地钻研、学习，终于将这台机床改进成功。从中他平生第一次真正认识到自己的创造能力。

1907 年，具有多年实践经验的捷格加廖夫以自己灵巧的双手亲自制造成功由费多罗夫将军设计的俄国第一支自动步枪。虽然费多罗夫步枪后来没有被俄国政府采用，但是这种枪在俄国枪械史上却占有重要的一页。捷格加廖夫也从首次造枪实践中得到了实际锻炼。

前苏联十月革命成功后，伏龙芝元帅于 1924 年要求当时已成为武器设计家的捷格加廖夫为苏军设计一种比其他国家的枪都要先进的轻机枪。

捷格加廖夫感到责任重大却又十分光荣，因为这是报效祖国的难得机会。他用了将近两年的时间，认真设计，反复修改，一再减轻机枪的重量，终于制成仅重 8.5 千克的机枪。它比当时其他国家同类型的机枪轻得多。

1926 年秋天，捷格加廖夫和助手来到莫斯科郊外的射击场对这种机枪进行实弹射击。试验结果表明，不仅射击精度好、散布小，而且连续射击 580 发不用冷却，一连射击了 2646 发没有上油。后来，这种机枪又经过多次改进才正式定型，并定名为 ДП（捷格加廖夫轻机枪的俄文缩写）式 7.62 毫米轻机枪。1927 年 2 月，这种轻机枪进行了成批生产。它就是著名的 ДП（德普）式轻机枪，也是苏联最早设计成功的机枪。

后来，捷格加廖夫在此基础上又创制了 ДПМ 轻机枪、ДТМ 坦克机

枪、ДА 航空机枪和 12.7 毫米大口径机枪。这种 12.7 毫米大口径机枪经什帕金改进后,于 1938 年被命名为 ДШК12.7 毫米大口径机枪。它在第二次世界大战中为苏军广泛使用。

捷格加廖夫还研制成几种冲锋枪,其中以 ППД 冲锋枪最为著名。第二次世界大战结束后,他在 ДПМ 机枪的基础上又设计成 РП - 46 式连用机枪和 РПД 班用机枪。

邓稼先和中国的核武器

　　1950 年春天，正在美国印第安那州普都大学任教的邓稼先和 200 多名中国留学生一起，在周恩来总理的直接关怀下，冲破重重阻挠，胜利地回到了祖国的怀抱。

　　邓稼先回国以后，很快就和著名科学家钱三强、彭桓武、王淦昌一起，参加了中国近代物理研究所的创建工作，他当时年仅 27 岁。

　　1958 年初，邓稼先接受了一项特殊的任务——为中国造出第一颗原子弹。在长达 100 余天的时间里，邓稼先一直奔波于北京的一些高等学府，挑选中国第一批研制原子弹的精英。在 1958 年的

邓稼先

金秋季节，邓稼先与 28 位刚毕业的大学生一起，聚集到北京郊外的一片荒野里，开始了这场前所未有的特殊战斗。

　　理论是技术的基础。在上级领导和科学家的支持下，一个由 8 位科学家组成的理论班子诞生了。邓稼先是主任，周光召是第一副主任。研究原子弹的队伍在迅速扩大，到 1960 年底，研究所已拥有 130 多人。

　　邓稼先带领大家迅速地从困境中摆脱出来，从能够进行模拟的环境和条件开始，创造出一整套中国式的"外推法"。后来将"外推"结果与国

外同类试验的数据一对照，结果完全吻合，大大提高了全体研究人员的信心和勇气。

邓稼先在重大的指挥决策中，从未出现过失误。这除了他学识根底深厚外，坚持深入基层、深入实际，是他获得成功的秘诀所在。对于每一次试验，他总是从设计方案、试制生产到爆炸试验，一直跟踪到底，从不放过每一个细小问题。在他的案头，光是有关试验数据的资料就足足码有半米多高。他就是这样带头以一丝不苟、精益求精的工作精神，使得我国的第一颗原子弹爆炸达到了周恩来总理提出的"稳妥可靠、万无一失"的要求。

中国氢弹爆炸时的蘑菇云

1963年，我国第一颗原子弹的理论方案诞生了。根据这一方案所进行的一系列冷试验，获得完全成功。1964年10月，在金色秋天的阳光下，那神话般的蘑菇云，终于在神州大地升起来了！

进取是没有止境的。闯过了原子弹的门槛，他们又开始向新的领域——氢弹进军了。这是一次难度更大的进军。形象地说，原子弹是用中子做火柴去点燃核裂变材料，而氢弹则是用原子弹当火柴去点燃核聚变材料。

还在1963年第一颗原子弹的理论方案刚刚出台时，一个多路探索氢弹奥秘的科研

中国原子弹爆炸时的蘑菇云

班子，已经在邓稼先及其同伴们的共同决策下组成了。1965年，我国的氢

弹理论冷试验一举成功。就这样，中国的科学家们以令世人震惊的速度打开了氢弹奥秘之门。

1967年6月，我国的第一颗氢弹抢在法国之前爆炸成功了。这件事，确实长了中国人的志气！从原子弹爆炸成功到氢弹爆炸成功美国用了七年，前苏联用了五年，法国用了八年，而中国只用了两年零八个月。

技 术 篇

综观各类当代兵器，无不集最新科学技术之大成。现代战争是高技术战争。

在第二次世界大战中，战场上的主要武器装备是火炮、坦克、飞机和舰艇，似乎谁只要手中掌握了这几样东西，谁就能掌握战场上的主动权。

在时过半个世纪之后的今天，由于科学技术的发展，武器装备的更新，战场上的情况已经发生了巨大变化。1991 年的海湾战争雄辩地证明：现代战争离不开电子对抗。国际军事专家们把电子战、C^3I（通信、指挥、控制和情报）系统、精确制导武器这三样东西，叫做"现代战争的三大支柱"，而这三样东西的核心是电子战。

机　枪

　　以前人们把机枪叫做机关枪，它是一种带有枪架或枪座并能连射的枪械。机枪常用来射击地面目标或低空目标（高度在 500 米以内的低空飞机、直升机、伞兵等），也可用来压制敌人的火力点。机枪的种类很多，而且各国所制造的同类机枪也不尽相同。

前苏联 1949 式 7.62 毫米重机枪

　　重机枪　重机枪在英美等国叫做"中型机枪"，装有固定的枪架（近代机枪的枪架都是可以拆卸的）。在地面作战所用的枪械中，要数重机枪的火力最强。重机枪在使用普通枪弹时，其射程可达3000 米；而在使用重型枪弹时，其射程可达 5000 米。重机枪的战斗射速为每分钟 200～300 发，其最佳有效射程为 1000 米左右。

捷克 7.92 毫米轻机枪

轻机枪（中国）

　　轻机枪　它是从重机枪演变而来的。由于重机枪比较笨重，机动性差，于是人们便运用重机枪能够自动发射的基本原理造出了较为轻便的机枪。还在第一次世界大战中的 1916 年，德国人就造出了一挺轻型马克沁机枪,其重量只有 16 千克。从那以后,重量在 10 千克以下的轻型机枪也陆续出现了。轻机枪通常由弹链盒或弹匣供弹,每分钟能射出 100～150 发子弹,其有效射程为 600～800 米。

通用机枪 它也叫轻重两用机枪,其性能在轻、重两类机枪之间,是第二次世界大战以来枪械家族中的后起之秀。当把这种机枪的两只脚架支撑起来时,就是一挺轻机枪;如果把它的两只脚架折叠起来,然后把枪身安放在重机枪的枪架上,并采用大容量的弹链箱供弹,那么它就能作为重机枪来使用了。

高射机枪 高射机枪具有口径大、初速高、射速快等特点,用它来射击 2000 米以下的低空飞机、俯冲机、直升机和伞兵等低空目标比较有效,也可以用它来对付地面或水面上的目标。为提高射速,还可以把几挺单管高射机枪组合在一起,并配合共用的高低机、方向机和瞄准具等,以组成"联装高射机枪";常见的有双管和四管联装高射机枪。

前苏联 1967 式 7.62 毫米通用机枪

单管高射机枪（中国）

前苏联 7.62 毫米
ПКМ/ПКМС 通用机枪

双管联装高射机枪（中国）

"枪族"

奥格恩·姆·斯通纳是美国著名的枪械设计师，世界上第一支小口径步枪（M－16式5.56毫米口径自动步枪）就是由他设计出来的。

看过积木的人以及看过玩积木的人很多，可是，只有斯通纳在积木的启示之下，激起了自己头脑中的"智慧火花"，一下子茅塞顿开，终于发明了一种崭新的枪械——枪族。

有一次，斯通纳偶然地看到孩子们在做玩积木的游戏。孩子们像耍魔术似地变换着花样，一时间，形状各异的木头块，在那些灵巧小手的摆弄下，花样翻新，变成了房子、汽车、火车、轮船、飞机……斯通纳看得如醉如痴，他一下子被这个场面完全吸引住了！这件事，使得斯通纳灵感顿生，从此他对积木游戏产生了极其浓厚的兴趣……

正是在积木玩具的启发之下，斯通纳经过几年的潜心研究，反复试验，终于在20世纪60年代研制成积木式组合枪，人们称之为"斯通纳枪族"，简称"枪族"。

斯通纳冲锋枪　斯通纳冲锋自动步枪

有一次，美国主办了一个武器展览会，枪族在这个展览会上首次亮相，立刻引起了轰动。美国海军陆战队司令格瑞恩将军对这种枪族倍加赞赏，并亲手试射了几发。

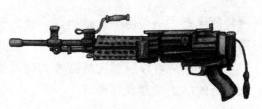

斯通纳冲锋固定机枪

斯通纳枪族是一种典型的组装式枪械，其口径为 5.56 毫米，以枪机、机匣、复进簧、发射机构等为基本通用部件，只要换上不同的枪管、枪托、瞄准具等 16 种专用或部分共用的部件，就可组装成自动步枪、冲锋枪、弹匣供弹轻机枪、弹链供弹轻机枪、战车用机枪、带三角架的中型机枪等 6 种枪，而以自动步枪和轻机枪为主。

斯通纳冲锋轻机枪

这种"枪族"设计巧妙，可以快速组装，很适合于实战的需要。同一族内的枪，其口径相同，弹药通用，零部件可以互换。如果我们要把一支步

斯通纳冲锋中型机枪

枪或冲锋枪改装成一挺轻机枪，只需几分钟时间就够了。

斯通纳枪族的问世引起了世界各国的重视，各国竞相效仿，相继出现了许多种枪族。例如，前苏联的 AK7.62 毫米枪族、捷克的 URZ7.62 毫米枪族、德国的 HK5.56 毫米枪族、英国的 4.85 毫米班用枪族、以色列的加利尔 5.56 毫米枪族等。这些枪族主要是以步枪为基础的，其次是以班用机枪为基础的。

广泛采用枪族和尽可能减小枪管的口径，这是当前轻武器发展的两大趋势。枪族之所以受到世界各国的广泛青睐，主要是由于它本身具有许多

独特的优点。一是便于大量生产，成本低；二是操作方便，只要学会使用其中一种枪就能使用其他几种枪；三是在实战中各种枪支的零部件可以互换；四是可以根据实战需要随时调整枪支的战斗性能；五是便于枪支弹药的维护保养和管理。

无壳子弹和无壳弹步枪

为了减轻士兵的负荷和节省子弹材料，武器设计专家提出过两种可供选择的方案：一是减小步枪的口径，即把步枪的口径减小到 5.56 毫米；二是研制无壳子弹，以便从根本上减轻子弹的重量。

早在第二次世界大战期间，德国人就开始研制无壳子弹。到了 20 世纪 60 年代，德国人率先造出了世界上第一支无壳弹步枪，其代号为 G11。

为什么要研制无壳子弹呢？主要有以下两个方面的原因。

第一，由于现代防弹装备的不断完善，尤其是各种钢盔和防弹衣的大

无壳弹步枪射击状态

量使用，使得传统枪弹的杀伤力无
形中相对下降了。这样，为了更多
地消灭敌人，在战场上就得消耗更
多的子弹。而作战人员携带的子弹
越多，则其机动性就越差。无壳子
弹的重量较轻，例如，4.7毫米无
壳子弹的重量是5.56毫米小口径
步枪子弹重量的40％，这样就可
以保证作战人员能携带更多的
子弹。

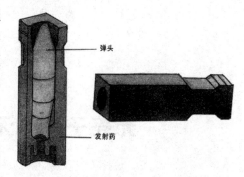

无壳子弹结构图

第二，现有自动步枪的射击循环包括供弹、闭锁、击发、开锁、退壳
和抛壳等，这些动作都是必不可少的。现有自动武器连射时的射速为每
分钟500～1000发，要想进一步提高射速非常困难。而无壳弹步枪在射击
时无需退壳和抛壳，其射速可达每分
钟2200发以上。

无壳弹没有铜弹壳，可以节省大
量的铜。它的重量只有传统子弹重量
的一半左右。它是这样制作的：先将
火药与黏合剂模压成实心方块，然后
将金属子弹和引爆底火压制在实心方
块上。

在20世纪60年代德国率先造出
的G11无壳弹步枪，近30年来通过
十多次改进，已经成为枪械家族中的
后起之秀。这种新式枪械具有以下
特点：

一是枪身短，全长只有750毫米，
比其他任何步枪都短，使用起来极为
方便灵活。

二是这种枪的提把上有光学瞄准

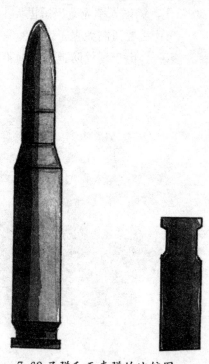

7.62子弹和无壳弹的比较图

具，用以取代目前常用的机械瞄准具，射手可以双眼观察战场，迅速捕获目标。

三是这种步枪除能单发、连射外，还能 3 发点射——就是一次扣动扳机能打出 3 发子弹，从而能大大提高射速。

四是这种枪采用一种圆柱形的回转式枪机，它围绕枪管轴线的正交轴旋转。枪机中间的孔就是弹膛，当弹膛转到上方时正好接受来自弹匣中的一发子弹，然后再顺时针转 90°而进入待发状态——这时弹膛前部正好与枪管对齐，而后部正好与击针对准。

目前各国的武器专家都在对无壳子弹进行研究和改进，总的目标是进一步减轻士兵的负荷，提高武器的效率。

化学枪

　　目前在一些国家里，拦路抢劫和偷盗汽车的犯罪活动日益猖獗，使许多人缺乏安全感。于是，形形色色的防劫、防盗装置和自卫武器便应运而生。美国研制的用于自救防劫和汽车防盗的化学枪，新颖别致，独具一格，引起了武器专家的广泛关注。

　　一天夜晚，在美国某城市街上行人稀少，一位衣着华丽的金发女郎，带着挎包，急匆匆地走着。当她走到一个灯光暗淡的偏僻角落时，突然从暗处窜出来一个黑影，强行夺去了她肩上的包，并肆意对她进行人身攻

击。女郎在极力反抗过程中急中生智，咬伤了歹徒的手，并趁机夺回挎包而顺势脱逃。歹徒在后边紧追不舍。女郎边跑边喊，同时迅速地从挎包中取出一个外形很像手电筒的东西，然后转身对准歹徒的面部揿按几下。刹那间，只听得歹徒"啊"的一声惨叫，双手捂着脸蹲在地上不动了……原来，女郎的"手电筒"正是美国研制出来的能够自救防劫的化学枪。

这种化学枪个头小，便于随身携带。它由金属圆筒（像手电筒）、保险装置和击发器等几个主要部分组成。圆筒内装有一种叫做 GS（即邻一氧苯亚甲基丙二腈）的化学溶液和二氧化碳等药剂。圆筒上带有不锈钢夹，可以把它夹在挎包、提包或衣服口袋上，也可以把它夹在汽车驾驶座前的遮阳板上。保险装置和击发器也都设置在圆筒上。使用时，先打开保险装置解除保险，然后再将击发器的按钮推到"ON（启动）"的位置。这时只要揿按圆筒上的按钮，圆筒内的化学液体就会喷射出来。

这种喷射出来的雾状毒液对人的皮肤有很强烈的刺激作用——它能溶解皮层脂肪，从而使神经末梢暴露于外边，令人感到灼痛难忍。毒液进入眼睛后，会导致流泪不止并暂时失明。人吸入这种雾状毒液后，会感到呼吸紧促，严重时会出现昏迷。这种化学枪的喷射距离一般为2～3米，其金属圆筒可以重复使用。

装在汽车上的化学枪可用于汽车防盗。当窃贼钻进汽车的驾驶室并用自制的钥匙插入汽车的电路开关时，立刻警铃大作，并从一个特设的小孔里喷射出一股刺鼻的液体，直扑盗贼的面部，使他感到面部像被火烧一样地剧痛，眼睛也什么都看不见了……

在遭到这种化学枪的喷射以后，如果能够及时地用肥皂水清洗皮肤，用清水冲洗眼睛，那么便可以使中毒症状得到缓解并逐渐消失，并且也不会留下什么后遗症。

微声枪

1909年，英国发明家希拉姆·马克西创造了一种装在猎枪上使用的"消声器"，它能使猎枪射击时的声响大大减弱。这件事引起了武器专家们的极大兴趣。1912年，美国率先造出了世界上第一支微声步枪。这种枪在射击时"声音小得就跟撕张纸一样"。在那以后，英国造出了史特灵

"帕切特"MK5微声冲锋枪。这种微声冲锋枪的声音"微小"到什么程度呢？当关起门来，在室内射击时，室外听不到声音；同样，在室外射击时，室内也听不到声音。

微声枪的响声为什么那么轻呢？就因为在这种枪的枪口处安装了一个"消声筒"。

我们知道，在射击时，扣动枪扳机击发底火，发射药被点燃，于是在枪膛内形成高压火药气体，将弹头从枪口推出。弹头刚刚冲出枪口时，枪膛内剩余气体的压力仍然很高。这些高压气体以很高的速度从枪口喷射出来，而外面的压力很

67式7.62毫米微声手枪

低，于是发出强烈的响声。这同使用蒸汽机的火车头发出的汽笛声是同一个道理。枪膛内的压力愈高，响声就愈大。

64式7.62毫米微声冲锋枪

因此，假如我们能够设法使枪膛内的气体压力在冲出枪口之前就降得很低，那么打枪时的响声就会大大减小。微声枪的"消声筒"就是根据这种思路来设计的。消声筒安装在枪口处，枪膛内的高压火药气体压力在通过消声筒时会大大减弱。从构造上来说，消声筒有网式、隔板式和密封式等。

德国MP-2000冲锋枪（带消音器）

网式消声筒　内装卷紧的消声丝网，当高压火药气体通过丝网时，能将气体的大部分能量消耗掉。

隔板式消声筒　筒内装有十多个互相串在一起的碗形隔板，高压火药气体每碰到一个隔板就会膨胀一次，相应地消耗掉一部分能量。于是，最后从枪口喷出的气体，其压力已经相当低了。

美国M10型冲锋枪带消音器后与原型的比较

密封式消声筒　就是在上述两种消声筒的出口处蒙上一块橡皮，将消声筒密封起来。射击时，弹头迅速穿过橡皮并同时留下小孔。但由于橡皮有弹性，弹孔又被堵住，因此气体只能从橡皮的裂缝中慢慢地泄漏出来，这样一来就使响声大大减小。

微声枪仍在不断发展，它已从微声步枪、微声手枪发展到微声冲锋枪，近些年来甚至还出现了微声迫击炮。英国有一种微声冲锋枪，只要在

30米之外就听不到枪声了。

　　用来制作微声枪的弹药也和普通弹药不同，它是采用一种速燃火药，发火以后其燃烧速度极快，这样就使得枪口处的火药气体较少，因此只要在几米之外，白天射击时人们就看不到烟雾，夜晚射击时则看不见火光，这样就有利于隐蔽。

　　微声枪子弹的初速比普通枪低得多，往往低于音速，这样一来，弹头在飞行中与空气摩擦所造成的呼啸声也就比较小。当然，微声枪子弹的有效射程也就比较短，其杀伤力也比较弱。

头盔枪

　　头盔枪是德国人在 20 世纪 70 年代发明的一种新型射击武器。这种枪的发明可以说带有某种偶然性。

　　有一次，一些武器专家在整理有关第二次世界大战的实战照片时，发现一名士兵用枪支在由头盔堆砌起来的"小碉堡"的空隙中向外射击。此事使武器专家们茅塞顿开，浮想联翩。他们通过反复设计和试验制造，终于造出了一种新颖别致的射击武器——头盔枪。

　　头盔枪没有后坐力。它发射 9 毫米的无壳弹，子弹的初速可达 550 米/秒；在百米之内的命中率极高，几乎是百发百中。这种枪反应快，能先敌开火，而且隐蔽性好。

　　头盔枪的结构比较复杂，其最上方是容纳子弹的枪膛，前端是射出子弹的枪管，后端是排泄火药气体的喷口。

　　头盔枪的前额处装着光学瞄准镜，它的瞄准线和枪膛轴线平行。当目标出现时，通过瞄准镜和装在射手眼睛前面的反射镜，把目标准

在摩托车上用头盔枪射击

确地反射到人眼的视线以内，这样射手就可以根据需要来操纵电发火装置向目标开火，进行点射或连射。这时射手可腾出双手来做其他的事情，如操作其他武器、驾驶车辆、指挥交通、调整观测仪器等。

实战表明，头盔枪在现代战场上能起重要作用。例如，当敌方突然使用化学武器、核武器或生物武器时，头盔枪上的通气孔便会立即关闭，同时背囊中的输氧装置便会通过管道自动输送氧气；而前额处的瞄准镜也会立即自动关闭，以保护射手的眼睛免受伤害。

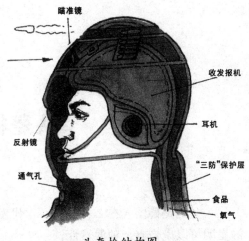

头盔枪结构图

在头盔枪壳体中有一层内装"重水"的特殊防护层，能保护射手的头部免受核辐射的伤害。整个头盔壳体都是用重水合成泡沫塑料制成的，其质轻而强度高，能承受 500 米以外的直射枪弹的攻击，并足以抵挡强烈的冲击波。

在头盔枪内还装有食品输送管，射手在战斗中能随时吃到营养丰富的流食。

用头盔枪射击

　　德国军队的平均单兵负荷，在使用头盔枪之前为35千克，而使用头盔枪之后已减至22千克。这样一来就大大提高了部队的机动性。

　　武器专家认为，头盔枪的诞生，是自动武器向着攻防兼备、灵巧轻便的方向所迈出的极其重要的一步。

子弹的构造

　　最早的子弹是球形弹丸，后来经过不断改进，才逐渐演变成现在我们常见的圆柱锥形子弹。子弹由弹头、药筒（弹壳）、发射药和底火四部分组成。弹头呈圆柱锥形，这有利于减少飞行中的空气阻力，能够增大弹头的飞行速度和射程。弹头的长度一般为枪管口径的 2.5～3.5 倍。弹头的尾部有直形和弧形两种，尾部这一段的长度一般为枪管口径的 0.5～1.0 倍。为了使弹头在飞行中保持稳定，整个弹头的长度一般不能超过枪管口径的 5 倍。弹头的外表面是一层金黄色或铜红色的被甲。这层被甲是用镀有铜锌合金的薄钢板冲压而成的。这种铜锌合金防锈耐磨，可塑性好，密度大。

　　在弹头的中心部分是一个钢心，钢心上包着厚厚的一层铅套。由于铅的相对密度大，这样就可增大弹头的相对密度，而相对密度越大的弹头飞得越远，其杀伤力也越强。

　　药筒是装发射药的"小仓库"，一般用镀有铜锌合金的软钢来制造。手枪子弹的威力比较小，其药筒多半是圆柱形的；而步枪、机枪、冲锋枪等威力比较大的枪弹，大多都采用瓶子形的药筒。

　　子弹能不能打响，底火是关键。现在我们把子弹剖开来看一

看，底火包括火帽、击发药（又叫起爆药）、底火砧和传火孔等几个部分。火帽用黄铜冲压而成，多位于弹底的中部（小口径步枪子弹的底火位于弹底的边缘）。火帽里装有击发药，上面覆盖着锡箔或涂上虫胶漆，这样既能防潮，又能起到固定的作用。

　　射击时，由于击针受力，便向前挤压火帽，而火帽则向弹壳内挤压，但是固定于弹壳里的底火砧挡住了火帽的去路，于是夹在火帽与底火砧之间的击发药受压而发火。

　　各种枪的有效射程有所不同。以 56 式半自动步枪为例，其有效射程一般为 400～600 米，集中火力进行射击时可杀伤 800 米之内的有效射程为 300～400 米，而集中火力进行射击时可杀伤 700～800 米以内的集团目进行射击时可杀伤 700～800 米以内的集团目标；53 式重机枪和 67－1 式重机枪，则在 600 米以内射击效果最佳。

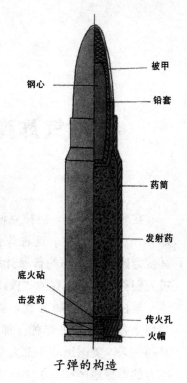

钢心　被甲　铅套　药筒　发射药　底火砧　击发药　传火孔　火帽

子弹的构造

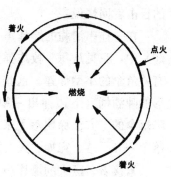

着火　点火　燃烧　着火

发射药燃烧的三个阶段

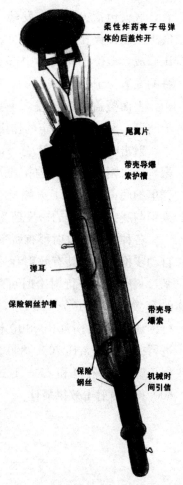

柔性炸药将子母弹体的后盖炸开

尾翼片

带壳导爆索护槽

弹耳

保险钢丝护槽

带壳导爆索

保险钢丝

机械时间引信

燃料空气炸药炸弹的结构示意图

油气炸弹

在海湾战争中，伊拉克使用了一种新型炸弹——油气炸弹。这种炸弹能爆炸两次，其威力比同等大小的普通炸弹要大十来倍，被人们称之为伊拉克的"核武器"。

早在 20 世纪 70 年代，美国就曾在越南战场上使用过这种炸弹。那是在 1975 年 4 月的一天，美国出动 5 架大型运输机在越南南方的春禄地区投下了 100 多枚炸弹。当时的目击者回忆说：

在一连串清脆的爆炸声（这是第一次爆炸）中，只见从每一枚炸弹里又蹦出 3 枚带有降落伞的小型炸弹。这些小炸弹像个圆柱形的啤酒桶（下边伸出一根长铁杆），系在降落伞的下方徐徐飘落下来。众多的小型降落伞一齐下落，宛如"天女散花"……

紧接着，巨大的爆炸声（这是第二次爆炸），有如天崩地裂，顿时地面上变成了一片火海，附近的建筑物变成了一片废墟，人员伤亡惨重……

事后发现，死者的尸体大都很完整，其全身看不到弹片的杀伤痕迹，然而死者的嘴巴却张得大大的；另外，死在防御工事里的士兵，大都在临死之前把自己的喉咙抓破了，像是进行过垂死挣扎。

在这种新型炸弹中所装的不是一般的炸药，而是一种易燃、易爆且沸点极低的环氧乙烷液体。这种液体很容易挥发到空气中，就像厨房里的液化石油气罐漏气而逸散在空气中那样，形成一种云雾，一遇火便发生爆炸。所以实际上这是一种液体炸药。

这种炸弹的学名叫做"燃料空气炸药炸弹"。由于它是呈云雾状发生爆炸的，所以也叫"云爆炸弹"；又由于它是在油和空气混合之后发生爆炸的，因而又叫"油气炸弹"；还由于它在爆炸时形成一股巨大的气浪（冲击波），于是又叫"气浪炸弹"。

这种炸弹的爆炸，是利用空气中的氧作为氧化剂来进行的，爆炸时会在周围地区造成长达三四分钟的暂时性缺氧现象。受到袭击的人们会由于缺氧而感到憋气难受，甚至禁不住抓破自己的喉咙，最后窒息而死。所以又有人称它为"窒息炸弹"或"真空炸弹"。

这种能爆炸的云雾，密度比空气大，能像水一样往低处流动，可用它来破坏敌方的地下工事、导弹发射井、坑道和山洞等。由于它在爆炸时产生的冲击波压力很大，因此可用来引爆地雷。如果利用这种油与气的混合物在敌方洲际导弹经过的路线上设置一道巨大的云雾屏障，那么还可用它来拦截敌方的洲际导弹。

子炸弹的结构示意图

降落伞　护伞圈　云爆管　子弹体　自毁装置　引信　触杆

61

无坐力炮

无坐力炮在发射时没有后坐力，因此可以省去"制退复进机"（这对一般大炮来说是必不可少的）和笨重的炮架，这就使结构简化，重量减轻。口径在60毫米以下的无坐力炮只有几千克重，可用手持或肩扛射击，携带操作都很方便；60～100毫米口径的无坐力炮，用简单的三角支架支起来就可进行射击；100毫米以上口径的无坐力炮可装在吉普车或轻型履带车上操作使用。

中国 M40A1 式 106 毫米无坐力炮

无坐力炮为什么没有后坐力呢？原来，这种炮的炮尾安有一个喷管，发射时，火药气体经喷管向后流出而产生向前的反作用力，这一反作用力与

中国 M50A1 式"奥图斯"106 毫米 6 管无坐力炮

炮身的后坐力相互平衡，于是后坐力就被抵消了。不过，由于这种炮的后喷火焰较大，因而在夜间使用时容易暴露自己。

无坐力炮的诞生和发展，是与坦克的诞生和发展紧密联系的。坦克是在第一次世界大战期间的 1916 年 9 月由英国人首创的。随后不久，其他国家也陆续造出了坦克。当时还没有专门的反坦克炮，而一般的火炮在射程、射速、威力和机动性方面都达不到要求，不但挡不住坦克的雄风锐气，反而往往由于其自身暴露而成为坦克的射击目标。在 1918 年 7 月的维莱科特雷战斗中，德军付出了 700 门火炮的代价才击毁了英法联军的 102 辆坦克。

第二次世界大战中德国的无坐力炮

中国 82 式 82 毫米无坐力炮

虽然对无坐力炮的酝酿可以追溯到 15 世纪，但是直到 1936 年才诞生了世界上第一尊现代无坐力炮。这种火炮的机动性比一般火炮好，不过由于它的火药气体已经从尾部喷管中消耗掉了一部分，所以炮弹射击时初速较低，威力较小，用它来对付一般的有生力量倒还可以，但在坦克和装甲车面前就无能为力了。直到第二次世界大战后期，出现了"空心装药破甲弹"。这种弹丸具有很高的破甲能力。无坐力炮用上了这种弹丸以后，就"如虎添翼"，可以用来对付浑身钢甲的坦克，成为非常有效的反坦克武器。从那时起，为了反坦克的需

捷克 T21 式无坐力炮

要，世界上各主要军事强国都大力发展了无坐力炮，其中仅美俄两国研制的无坐力炮就多达几十种。我国是从 20 世纪 50 年代初期开始这项研制工作的，目前已拥有十几种无坐力武器系统，在品种、数量和性能上都达到了相当高的水平。

迫击炮、加农炮、榴弹炮

大炮发展到今天，少说也有几十种了，在这里，我们只说说迫击炮、加农炮和榴弹炮。人们风趣地称这三种炮为"炮家三兄弟"。

迫击炮 它的弹道弯曲，能够从山的这一边瞄准山的另一边的目标进行射击。这种射击方法，在军事行动中叫做"间接瞄准射击"。

迫击炮的炮身是钢制的直炮筒，炮筒内很光滑，没有膛线，炮膛的尾部顶于座板上。脚架三点着地，通过调整脚架的高低来控制炮弹的射程。

这种炮结构轻巧，携带方便，小型的迫击炮一人就能够扛着走。迫击炮的口径，小的为 70～80 毫米，大的为 150～160 毫米；其射程从几十米到三四千米；其重量从几千克到一二百千克。目前各国军队所装备的炮兵武器中，迫击炮仍然占有很大的比例。

美国 60 毫米迫击炮

中国 1964 式 120 毫米迫击炮

加农炮 是英文字"cannon"的译音，它就是"筒"的意思。在 14 世纪以前，欧洲人把一切能发射弹丸的管形火器统统都叫做加农炮。现代加农炮是炮身最长的一种火炮。

正是因为加农炮的炮管长，炮弹在炮管里走的距离也长，火药气体推动炮弹的时间也长，所以炮弹在离开炮膛之前就能达到很高的速度。加农炮弹丸冲出炮口时的初速可高达 1200 米/秒，这是其他炮弹望尘莫及的。所以，加农炮的炮弹打得很远，大口径的加农炮可以射到三四十千米以外。

榴弹炮 它的炮身比加农炮短，比迫击炮长。它的弹道不像加农炮那样平直、低伸，又不像迫击炮那样弯曲；所以榴弹炮既能像加农炮那样平射，又能像迫击炮那样曲射。

和加农炮相比，榴弹炮的初速度小，炮筒短，发射装药少，炮筒壁薄，因此这种炮能比加农炮节约不少的炸药和金属材料。在口径相同的条件下，榴弹炮比加农炮轻便得多；在重量相同的条件下，榴弹炮的口径几乎可比加农炮大一倍。

在各类火炮中，榴弹炮的用途比较广。它很适合于野战，是现代炮兵使用的一个主要炮种，既可用它来轰击敌方的汽车、装甲车、坦克、地面建筑物、散兵壕、交通壕、堑壕等军事设施，也可用它来消灭敌步兵和行进中的敌骑兵等有生力量。

中国 1959－1 式 130 毫米加农炮

有不少国家还发展了一种新型榴弹炮，其炮身加长了一些，它兼有加农炮和榴弹炮的优点，人们称之为加农榴弹炮，简称加榴炮。

中国 1954 式 122 毫米榴弹炮

坦克炮

第一次世界大战期间，在英德两国的索姆河畔战役中首次出现的英国坦克上，装有火炮和机枪。早期坦克上的枪炮主要是用来消灭敌人的有生力量和摧毁敌人的土木工事。

到了 20 世纪 30 年代，坦克从结构设计到技术性能都有了很大的发展和提高。这时各国军界已开始认识到：坦克的主要任务就在于对付敌方的坦克。从这个时期直至第二次世界大战前夕，各军事强国普遍发展了坦克炮。像欧美各国当时普遍装备部队的 37 毫米和 47 毫米口径的坦克炮，其威力已经相当的大，能够在 450 米的距离上打穿厚度为 40～60 毫米的装甲。

第二次世界大战中美国最先进的"培星"T－25E1 坦克

德国"豹-Ⅱ"式主战坦克

　　第二次世界大战期间，德国把短身管坦克炮改换成75毫米口径的长身管坦克炮，其威力明显增强。为了与德国的坦克相抗衡，前苏联先后研制了76毫米和85毫米口径的坦克炮，英美两国分别研制了75毫米、77毫米和90毫米口径的坦克炮。到战争后期，德军装备了88毫米口径的坦克炮，只有前苏联军队第一次装备了122毫米口径的坦克炮——这是当时威力最大的坦克炮。

　　第二次世界大战期间的坦克炮广泛采用尖头（或钝头）穿甲弹、杀伤爆破榴弹，这一时期也出现了次口径的穿甲弹和破甲弹。当时普通穿甲弹的初速达到900米/秒，能在1000米的距离上击穿120毫米厚的装甲。

　　在20世纪五六十年代，东西方国家之间在军备竞赛中展开了增大坦克炮的竞争，坦克火炮的口径普遍增大到100～120毫米。为了增大坦克火炮的威力，除采用脱壳穿甲弹以外，还采用了破甲弹和碎甲弹，并出现了尾翼稳定脱壳穿甲弹。

　　70年代以来，坦克火炮的威力提高到了一个新的水平。以前苏联为代表的东方国家，其坦克火炮的最大口径达到125毫米；以美国为代表的西方国家，其坦克火炮的最大口径达到120毫米。而美军装备的"炮弹—导弹两用坦克炮"，其口径达152毫米，既能发射多种普通炮弹，又能发射以

前苏联 T-72 主战坦克

红外波束制导的反坦克导弹。

在现代坦克上都装有火炮稳定器，因此坦克炮可以在行进中进行射击。又由于在现代坦克上都装有电子弹道计算机、激光测距仪、红外夜视仪和自动装弹机等高技术设备，从而使坦克如虎添翼，无论在烟雾弥漫的条件下还是在漆黑的夜晚，坦克炮都能迅速地捕捉目标，并随时开火。

反坦克炮

反坦克炮是一种加农炮，其弹道低伸，初速高，发射速度快，主要用来打击敌方的坦克和其他装甲车辆，当然也可以用它来摧毁敌方的野战工事，压制敌方的火力和消灭敌人的有生力量。

反坦克炮最先出现于 20 世纪 30 年代初期。在第二次世界大战初期，瑞典的"博福斯"37 毫米反坦克炮和德国的"35/36 式"37 毫米反坦克炮最享盛誉，为交战双方各国（包括瑞典、苏、美、英、波兰、丹麦及德、意、日等国）广泛使用，

第二次世界大战中的德国巨型反坦克炮

前苏联 MT－12 式 100 毫米反坦克炮

其中有的国家还进行了仿制和改型，其生产数量很大。

第二次世界大战期间是反坦克炮发展的黄金时期。为了战场上的需要，许多国家都竭尽全力来提高反坦克炮的威力。当时由于坦克的装甲不断加厚，所以"水涨船高"，反坦克炮的口径也不断增大。起初广泛使用的是德国的 75 毫米反坦克炮和美国的 76 毫米反坦克炮。

1943 年，德国军队装备了有名的 88 毫米反坦克炮，简称"88 炮"。这种炮的发射初速高，射程远，是当时惟一能够击穿前苏联重型坦克装甲的反坦克炮。为了对付德军的"豹"式和"虎"式重型坦克，前苏联于 1944 年造出了 100 毫米反坦克炮，它能在 450 米的距离上击穿 200 毫米厚的坦克装甲，是当时口径和威力最大的反坦克炮。

德国著名的 88 炮可作为反坦克炮

72 毫米反坦克炮

按反坦克炮的内膛结构，可分为有线膛炮和滑膛炮两大类。滑膛炮发射尾翼稳定脱壳穿甲弹和破甲弹。

按反坦克炮的运动方式，可分为自行式反坦克炮和牵引式反坦克炮两种。传统的自行式反坦克炮采用履带式底盘，而目前研制中的反坦克炮大多采用轮式底盘。采用轮式底盘的反坦克炮重量较轻，比较机动灵活，适合于快速反应部队。在牵引式反坦克炮中，有的配有辅助推进装置，以便于进入和撤出阵地。

传统的反坦克炮大多是由同时代的坦克炮改装而成，因此它们所用的弹药往往是相同的。而近些年来专门研制的高膛压低后坐力滑膛反坦克

第二次世界大战中德国誉为非洲沙漠战斗王牌的符拉克 18 反坦克炮

炮，比较适合于安装在轻型装甲车辆上。例如，德国近期研制的120毫米超低后坐力滑膛反坦克炮，能发射"豹2"式坦克配用的弹药，可安装在20吨重的装甲车上。

自行反坦克炮的外形很像坦克，但其装甲防护、火控系统和稳定系统都比不上主战坦克；因此，自行反坦克炮往往必须先停下车来才能进行射击。

为了提高反坦克炮的命中率和夜间作战能力，现代反坦克炮大都配有激光测距仪、电子计算机、微光夜视仪和红外热成像仪。

穿甲弹、破甲弹、碎甲弹

现代坦克炮和反坦克炮所使用的穿甲弹、破甲弹和碎甲弹，被人们称为打坦克的"三剑客"。它们个头虽小，但身手不凡，能击钢破甲，将越来越厚的坦克装甲击破穿透，这里面究竟有什么奥妙呢？

穿甲的"钢针" 穿甲弹是利用弹丸巨大的撞击动能和坚硬的弹头来击穿坦克装甲的。目前，所使用的穿甲弹有普通穿甲弹、脱壳穿甲弹和尾翼稳定脱壳穿甲弹。

普通穿甲弹的弹芯有的是实心的；有的装入少量烈性炸药，使弹丸穿透钢甲后在车体内爆炸，以增大杀伤威力。这种穿甲弹穿透能力较小，主要用来击毁坦克的履带和悬挂装置等坦克薄弱部位，能使坦克瘫痪或失去作战能力。

20 世纪 50 年代以来，由于坦克的装甲不断加厚，就出现了脱壳穿甲弹。这种穿甲弹主要由碳化钨弹芯和铝弹托组成。弹丸出炮口后，弹托在空气阻力的作用下向后脱落，弹芯单独飞向目标。

由于这种穿甲弹的弹芯是由密度高、硬度大的碳化钨制成，而且弹芯直

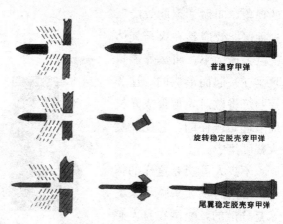

普通穿甲弹

旋转稳定脱壳穿甲弹

尾翼稳定脱壳穿甲弹

三种穿甲弹对装甲作用的示意图

径小，能量集中，因而能穿透较厚的装甲。

到了 60 年代，坦克使用了像夹心饼干一样的复合装甲，脱壳穿甲弹难以穿透，于是就出现了尾翼稳定脱壳穿甲弹。它的特点是，弹芯的长径比可达 18：1，即可制成细长坚硬弹芯，使能量更集中，能获得 1600 米/秒以上的初速。这样，在弹托脱落后，弹芯受的空气阻力大大减小，因而通过细长坚硬的弹芯能将大量的动能集中作用在装甲的小块面积上，就好像用锥子扎鞋底或者用钉子钉木板一样，能穿透很厚的装甲和复合装甲。

破甲的高速射流　破甲弹是利用炸药爆炸时形成的高速金属射流（速度 8000～9000 米/秒）来击穿坦克装甲的。射流在穿透装甲后，还可在坦克内杀伤乘员，击毁设备和引爆弹药等。

破甲弹爆炸时能产生高速金属射流的现象，叫做"聚能效应"。这种聚能效应是在火药气体的巨大压力下，将爆炸能量聚集在一起而形成的。这和探照灯将散射光汇聚成光柱的道理是一样的，它使能量大幅度集中。

不少人可能有这样的体会，淋浴时从喷头喷出来的水是分散的，喷洒在身上感到舒服；拿掉喷头，水就集

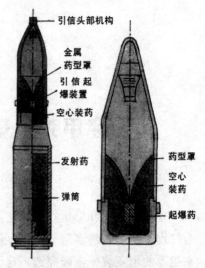

破甲弹结构示意图

破甲弹破甲过程

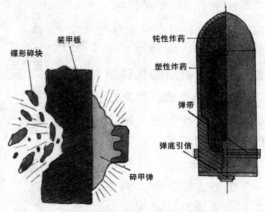

碎甲弹结构示意图

流成柱，冲在身上就会感到刺痛，说明这时水的力量大多了。破甲弹也就是利用这个原理来击穿装甲的，其破甲深度可达其弹径的 4～5 倍。

碎甲的碟形破片　碎甲弹与穿甲弹、破甲弹的作用原理都不同。当它打到坦克装甲表面时，弹头里的炸药就像胶皮糖似地紧贴在装甲上，然后"轰隆"一声巨响，就从装甲内表面相对应位置撕裂下大小不等的碎块。碎块裂散的速度很高，能杀伤乘员和破坏车内设备。

撕下碟形碎块的现象在日常生活中也可碰到，例如用榔头往墙上用力钉钉子或用铁锤猛击钢筋水泥板时，就会在墙或水泥板背面掉下一块块碎片。这是由于作用力在固体物质中传递而引起的。

装甲车载炮

在步兵战车、装甲运兵车、侦察车、火力支援车以及巡逻指挥车上所用的火炮，统统叫做装甲车载炮。它可以用来对付敌人的轻型装甲车和运输车，攻击敌方的步兵阵地，也可以用来对付敌方的强击机、武装直升机和运输直升机等。

装甲车载炮的诞生和发展，是同机械化部队的诞生和发展紧密相联系的。根据装甲车载炮口径的大小，大致可把它分成两大类。一类是步兵战车、装甲运兵车、巡逻指挥车和一部分侦察车上所用的小口径自动炮，其口径为20～40毫米；另一类是战斗侦察车及火力支援车上所用的口径较大的火炮，其口径为75毫米、90毫米、105毫米等。

现代装甲车载炮具有射击精度高、威力大、反应速度快等特点。除此以外，这种武器系统的重量轻、尺寸小，后坐力低，有瞄准装置，可以针

加拿大 LAV 轻型轮式装甲车

对不同的攻击目标选用不同的炮弹；在配用技术先进的火力控制系统以后，就不管是在白天还是在夜间，也不管作战的环境条件多么恶劣，它都能充分地发挥其战术技术性能。

装甲车载炮能够配用的炮弹种类非常之多，像普通榴弹、穿甲燃烧榴弹、预制破片弹、箭霰弹、破甲弹、碎甲弹、尾翼稳定脱壳穿甲弹、尾翼稳定破甲弹、火箭增程弹、发烟弹、照明弹等等，装甲车载炮都可以用，因此它能够适应各种不同的作战需要。

在现代战争中，装甲车载炮可以支援步兵和协同坦克进行作战，已经成为陆军火力的重要组成部分，受到了各国的普遍重视。美国为了能在世界范围内对各种局部性冲突作出快速反应，往往用轻型装甲车载炮来代替主战坦克执行各种特殊任务，从而扩大了装甲车载炮的战术使

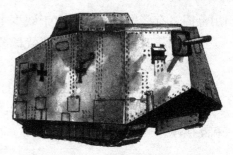

1918 年德国 A–7V 突击装甲车

日本"骑兵"300 式装甲车

德国侦察装甲车

用范围。有些国家的军队由于缺少主战坦克，于是轻型装甲车载炮就成了他们在战时不可缺少的主要武器装备。

装甲车载炮的主要发展趋势是：一是增大口径，以提高这种武器的威力；二是扩大它的使用范围，既能打飞机又能打坦克；三是发展新型弹药，以提高它的使用效能和延长使用寿命；四是提高火炮和弹药的通用性和互换性。

高射炮

中国 59 式 57 毫米高射炮

20 世纪初，飞艇和飞机相继问世，大大扩展了人类的活动范围。由于这类飞行器在战争中的应用（最初还只是用它们来传递信息），于是又出现了专门用来对付这类飞行器的枪炮。1906 年，德国造出了一门专门用来打飞机和飞艇的 50 毫米大炮，这便是世界上第一门高射炮。

前苏联 3GY－51－2 式 57 毫米双管自行高射炮

高射炮简称高炮，人们形象地称它为"防空卫士"。现代高炮的炮筒特别长，可达到其口径的 70 倍以上，并且都配有自动火控系统，能对空中目标进行自动跟踪和自动瞄准，它也和高射机枪那样有单管、双管和四管之分。

高炮按炮管口径可分为小口径（小于 60 毫米）、中口径（60～100 毫米）和大口径（100 毫米以上）三类。自 20 世纪 60 年代以来，由于地对空导弹的发展，大、中口径的高炮已越来越少见，而小口径高炮的发展仍然方兴未艾。

这是因为，现代作战飞机的发展趋势，除了向高空高速的方向发展以外，还有另外一种趋势，那就是向着低空、超低空和高速、高机动性的方向发展。对付现代高空高速飞机多用防空导弹。在 20 世纪 70 年代前苏联就是用地对空导弹屡屡击落入侵的美国 U－2 高空侦察机的。但是实战证明，对付那些低空、高速、高机动性的飞机的有效武器并不是地对空导弹，而是小口径高炮。当然，这种小口径高炮已经不是往日意义上的旧型高炮，而是采用"电子对抗"技术的能够自动跟踪并瞄准敌机开炮的新型高炮。

英国"鹰"式双管自行高射炮

　　美法两国合作研制的一种"多管火箭式高炮"，又称之为"标枪"，有 48 根口径 40 毫米的炮管，射击时由电脑进行控制，可根据作战需要采取 4 管齐射、8 管齐射或 12 管齐射，所发射的火箭弹带有稳定尾翼。实战表明，使用这种高炮打敌机时，在 1600 米距离以内其命中率可达 70％以上。

美国 LVTAX－1 式水陆两用高射炮

　　目前有的国家正在研制一种能够发射"激光末制导炮弹"的高炮。这种炮弹就像是长了眼睛似的，能够自动寻找目标，因而几乎百发百中，弹无虚发。

　　现代高炮不仅可以打飞机，还可以用来打导弹，特别是打巡航导弹。美国、俄罗斯、意大利等国都已研制出不同类型的反导弹高炮系统。

航空炮

航空炮是作战飞机上配备的专用火炮，主要用于空中格斗作战，也可用来对地面目标进行攻击。

飞机是在 1903 年由美国的莱特兄弟发明的。在早期的飞机上没有任何武器装备。1914 年第一次世界大战爆发后，由于作战的需要，人们将地面上用的机枪搬上了飞机，随后又有人将单发填装的短管火炮搬上了飞机。显然，这些机枪和火炮在起初很不适应飞机作战的要求，后来通过不断改进，才发展成为专用的航空机枪和航空炮。

航空炮

德国 HBS202 式 20 毫米航空炮

美国 230A1 式 30 毫米链式航空炮

第一次世界大战后至第二次世界大战前是航空炮的初级发展阶段。第二次世界大战期间，由于飞机航速的增大和机动性能的提高，加上从飞机上攻击地面及海上装甲目标的战斗需要，促使航空炮的战术技术性能得到迅速提高，成为飞机作战的一种重要武器。第二次世界大战以后至 50 年代更是航空炮迅速发展的黄金时代，出现了性能优越的"转膛结构"航空炮和加特林"转管结构"航空炮。

20 世纪 50 年代后期，由于空对空和空对地（水）导弹的出现并很快

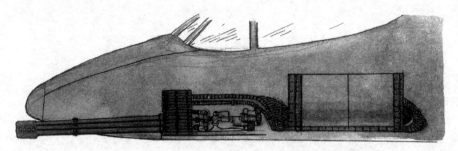

美国 GAU-8/A 式 30 毫米航空炮供弹机构

成为作战飞机的主要武器，在"要导弹，不要航空炮"的思想指导下，一时间航空炮面临被替代和被取消的境地，美国甚至在1957年取消了航空炮的研制计划。这一时期航空炮的遭遇，同高射炮、舰炮的遭遇大同小异。

只有实践才是检验真理的标准。60年代越南战争和中东战争的实战经验表明，导弹远不能完全取代航空炮。航空炮不受电子干扰，可持续射击，价格低廉，这些都是导弹所不能比拟的。无论是近距离空战，还是空中对地面的攻击，航空炮都是深受欢迎的武器装备。因此，自70年代以来，航空炮再度崛起，在结构设计上和技术性能上都得到了进一步的完善和发展。

与地面火炮不同，航空炮是安装在飞机或直升机上的，其安装条件受到限制，因此其体积较小，重量较轻，种类也较少。目前各国使用的航空炮只有20毫米、23毫米、25毫米、27毫米、30毫米和37毫米六种口径。航空炮在作战飞机和武装直升机上的安装方式，既可以采取吊舱式安装，把航空炮安装于机外，也可以把它架装在机内。

英国阿登30毫米航空炮

舰炮和海岸炮

舰炮、海岸炮也同其他火炮一样，最早都来源于抛石机。据史书记载，早在公元前5世纪，中国、埃及和希腊等国都曾将抛石机搬到木船上进行海战。

意大利布雷达81毫米舰载多管火箭炮

到16世纪末，由于管形火器的发展，榴弹炮在战争中得到广泛应用，从那时起在战船上也开始安装甲板并设置火炮。这便是早期的舰炮。不过，当时的舰炮不但射程近，而且由于没有瞄准装置，其命中率也很低。

到了19世纪中叶，舰炮口径加大，威力增强，并出现了线膛舰炮。线膛舰炮可发射长圆形（橄榄形）弹丸，其威力足以击穿舰船的装甲，为现代舰炮的发展铺平了道路。在1853年发生的西诺普海战中，俄国的帆船舰队用舰炮一举击沉了土耳其的10艘战船。

英国海龙30毫米舰炮

1873年，装有鱼雷的"雷击舰"问世了。为了对付鱼雷的袭击，于是口径分别为47毫米和57毫米的"舰用防雷速射炮"便应运而生。后来，这种炮的口径逐渐增大，其最大口径达120毫米，并进一步演变成既能对空射击又能对海射击的"高平两用炮"，为中口径舰炮的发展奠定了基础。

大口径的舰炮主要用来对付敌方的战列舰、巡洋舰及航空母舰。第一次世界大战以后直至 20 世纪 40 年代初期（当时正处于第二次世界大战中），各国竞相发展多种口径的舰炮，包括 37 毫米、57 毫米、76 毫米、100 毫米、127 毫米、130 毫米、152 毫米、180 毫米、203 毫米、305 毫米、356 毫米、406 毫米等，其中日本一种舰炮的口径达到 457 毫米。

瑞典博福斯 L/60 式 75 毫米海岸炮

在第二次世界大战期间，舰炮在海战中发挥了重要作用。大、中、小口径的舰炮都得到

瑞典艾斯塔 120 毫米海岸炮

了很大的发展和提高，其中尤以发展大口径舰炮最受各国军界的重视。人们往往把舰炮口径的大小作为衡量一个国家舰艇火力强弱的主要标志。

到了 20 世纪 50 年代，由于导弹的问世，舰炮的地位面临强有力的挑战，不仅大口径舰炮有被导弹完全取代的趋势，而且中小口径的舰炮也受到冷落，在某些大型舰艇上甚至只有导弹，没有舰炮。而 60 年代以来的实战表明，导弹并不能完全取代舰炮，在海战中舰炮与导弹配合使用，能够互相取长补短，相得益彰。近二三十年来，舰炮，特别是中小口径的舰炮，又得到了迅速发展。现代高速的舰炮可以用来拦截反舰导弹，并可用来对付敌方发射反舰导弹的小型舰艇。

由于舰艇、飞机和导弹性能的不断提高，因而现代海战的战术也有了相应的改变，从而对现代舰炮的战术技术性能也提出了新的更高的要求，而新技术、新材料、新工艺的广泛应用，为现代舰炮的发展创造了有利的条件。

　　海岸炮是配置在海岸或岛屿上的海军炮，主要用来对付敌方的海上目标，是各国装备海岸炮兵部队的主要武器，多为大中口径的火炮，其典型代表有瑞典的 CD77 式 155 毫米海岸炮，以及前苏联的 CM－4－1 式 130 毫米海岸炮等。

火箭炮

　　第二次世界大战是由德国法西斯头目希特勒挑起的，他为了征服全世界，建立了庞大的机械化部队，在大批空军的掩护下，悍然使用"闪电战术"，首先向欧洲各国发动了疯狂的突然袭击。当时苏联为了给予这种闪电战术以强有力的回击，于1941年设计制造了一种BM-13火箭炮，并且用民间传说中的一位能歌善舞的姑娘的名字来给它命名，称之为"喀秋莎"。

　　当年，正当德国法西斯军队向莫斯科大举进攻的时候，"喀秋莎"初露锋芒，火箭炮的炮弹像雨点一般洒落在德军阵地上，一时间德军人仰马

前苏联"喀秋莎"火箭炮

德国轻型自行火箭炮

翻，尸横遍野，幸存者溃不成军。

从"喀秋莎"火箭炮的基本工作原理，可以追溯到我国明代的"火箭溜"和"架火战车"。在"架火战车"上装有六个火箭发射器，而在"喀秋莎"火箭炮上设有八条火箭发射导轨；从外形上看，"喀秋莎"与"火箭溜"颇为相似。可见，实际上我国是世界上最早发明和应用火箭炮的国家。

火箭炮一般都是多管联装的，它可由几个、十几个、几十个甚至上百个炮管组成，它所发射出去的是不带控制装置的火箭弹。这种火箭弹上都有尾翼，能够确保飞行稳定，不致翻跟斗。

火箭炮之所以威力大，是因为它能在很短的时间内向目标区域发射大量的火箭弹。例如由18门"喀秋莎"火箭炮组成的炮兵营，一次齐射就能射出近300枚火箭弹，足以将敌人的阵地变成一片火海！因此火箭炮非常适用于攻击大面积的目标，如密集的敌军、敌坦克装甲群、敌兵工厂、机场、建筑物，以及野战轻型工事等。当敌人的炮火疯狂地向我方射击时，动用火箭炮无疑能给敌人以强有力的回击。

今天的火箭炮已比当年的"喀秋莎"大有改进。目前世界各国的军队都装备了各种各样的新式火箭炮。像美国的12管自行火箭炮，配有技术先

中国85式30管火箭炮

进的火控系统，其射程可达30千米以上，是一种轻型火箭炮。现代中型火箭炮的射程可达50～60千米，重型火箭炮的射程可达100千米左右。

　　火箭炮大多以汽车运载，其机动性极好，可以采取"打一枪换一个地方"的捉迷藏战术，使对方难以追踪捕捉。

液体发射药炮

　　顾名思义，液体发射药炮的发射药是液体而不是固体。早在20世纪五六十年代，人们就已经开始了关于液体发射药的研究和试验，最先着手研究这项新技术的有美国、前苏联、法国和日本等国。

　　我们知道，早期的火箭都是采用固体燃料作为推进剂。20世纪20年代出现了以液体燃料作推进剂的液体燃料火箭。这种液体燃料的主要成分是肼（jǐng）、硝酸、硝基甲烷、过氧化氢等。枪炮上的液体发射药也正是

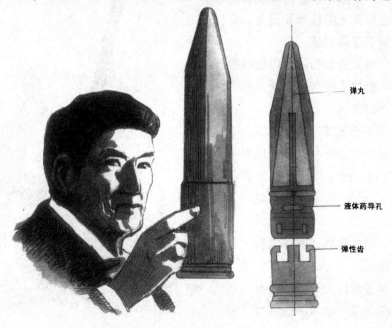

弹丸

液体药导孔

弹性齿

这种东西。

从结构上来说，液体发射药炮可分为"整装式"和"注入式"两类。整装式液体发射药是在制造炮弹（枪弹）的过程中就已经装好了的，炮弹（枪弹）做好以后其药量就不能再作调整，这同普通炮弹（枪弹）的情况是一样的。注入式液体发射药则可在炮弹（枪弹）做好以后随时装药（将药液喷射进去），故这种供药方式又叫做"随行装药"。

液体发射药炮的工作过程是这样的：输弹机将弹丸输送进炮膛，先通过炮闩来实现闭锁，然后由泵来将燃料及氧化剂打入燃烧室，再用电点火装置点火发射，弹丸被高压气体推出炮口。

机关炮的连续射击是这样实现的：从炮管导气孔导出的燃烧气体，推动炮闩运动，从而将另一发炮弹推入膛内，这样就可以实现连续射击。

与固体发射药相比，液体发射药的确有它的独到之处。归纳起来液体发射药炮有如下特点：

①在体积相同的条件下，液体发射药的能量比固体发射药高出 30％～50％，因此其弹丸初速也较高。

②由于液体发射药炮没有药筒，这样就无需输弹和退壳，从而有利于提高射速。

③液体发射药炮可以通过控制喷入燃烧室的药量和喷入的时机来控制膛压。

④重量较轻。比如，25 毫米口径的"格得林"航炮原来重600 千克，而在采用液体发射药以后，其重量已减轻到 366千克。

⑤液体燃料比固体燃料更容易获得。

尽管液体发射药炮还有一些技术问题需要继续研究解决，但

它的发展前景是诱人的。以美国为例，小到 6 毫米的小口径步枪，大到
203 毫米的舰炮，都在试用液体发射药。据美国军事专家预计，他们可能
在不久的将来造出符合实战需要的液体发射药舰炮。

喷火坦克

坦克于 1916 年 9 月 15 日第一次出现在战场上。这种武器发展到今天，已经形成一个"家族"，包括水陆坦克、喷火坦克、空降坦克、指挥坦克、布雷坦克、扫雷坦克、架桥坦克、抢救坦克等等。在这里，我们主要说说喷火坦克。

喷火坦克是坦克与喷火器"结缘"的产物，它是一种近距离作战的武器。坦克内的火焰喷射器喷出的高温火焰，温度可高达 800～1100℃，能够烧毁敌方的碉堡、堑壕、建筑物、装甲车和坦克等。

喷火坦克有两种类型。一种是没有火炮的喷火坦克，就是把喷火器安装在坦克的炮塔上，以代替火炮；另一种是既有喷火器又有火炮的喷火坦克，喷火器就安装在车体内，也可以与火炮并列而安装在炮塔内。这后一

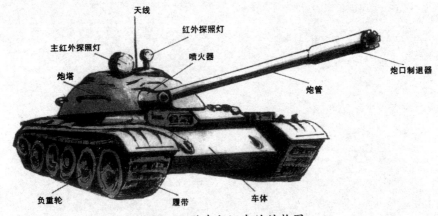

TO－55 型喷火坦克的结构图

M48A1 喷火坦克

种喷火坦克的战斗力更强，它可以一面喷火一面发射火炮。

喷火坦克的喷火器喷出的火焰，可以达到二三百米远，每次喷火可以持续1分钟；不过通常是以点射方式来进行喷射，而每次点射的时间为10～20秒。

喷火器由液体部分、气体部分、点火系统和保险系统四个部分组成。

液体部分包括阀门、油瓶、单向活门和活塞。

气体部分又包括两种类型：一种是压缩空气型，它是利用压缩空气来喷射油料；另一种是火药气体型，它是通过推动活塞运动来将油料压出喷嘴。

点火系统由发射按钮（装在操纵台上）来控制点火，以点燃从喷火器喷嘴中喷射出来的油柱。

TO-55型喷火坦克

俄罗斯生产的 T0－55 型喷火坦克，其喷火器是典型的火药气体型喷火器，其转鼓上分别装有 12 个油料点火管和 12 个火药管，每击发一次，它们便随着转鼓而相应地转过一个位置，总共可击发 12 次。它的全部油料为 460 升，每次喷射 35 升，喷射 12 次，绰绰有余。这种喷火坦克每分钟可喷射 7 次，油料喷出的速度为 100 米/秒。

　　在以喷火坦克向敌人发动攻击时，为了迷惑敌人，可以运用烟幕来作掩护，以达到出其不意的攻击效果。在防御战中，喷火坦克能为前沿阵地的防守部队设置层层火障，有效地遏制敌人的进攻。

坦克装甲

第二次世界大战以后，人们在加厚坦克装甲的同时，采取降低坦克高度和改变装甲板倾斜角度的办法，来躲避敌方炮弹的攻击。这些都收到了一定的效果。俄罗斯的 T—54 中型坦克的抗弹能力最为突出，可以说是坦克中的典型代表。

可是，自从出现空心装药（聚能装药）的新型破甲弹以后，坦克装甲又遇到了新的威胁。这种新型反坦克炮弹在击中坦克时，爆炸中能产生一股高温、高速的金属射流，将坦克装甲烧穿。

到了 20 世纪 60 年代，打坦克的"三剑客"——破甲弹、脱壳穿甲弹和碎甲弹相继问世，又对坦克装甲构成了新的威胁。

装有爆炸块装甲的 M60A1 坦克

然而，正当人们在为坦克的前途担心的时候，新型的复合装甲诞生了。这种复合装甲和我们平常吃的夹心饼干相似，是在两层装甲板之间加入各种不同的非金属材料制成的。例如，在两层铝合金装甲板之间加入陶瓷，在两层陶瓷面板之间加入玻璃纤维或金属丝带，等等。一般的穿甲弹和空心装药破甲弹，是很难穿透这类复合装甲的。

T－72B₁ 主战坦克

　　研制坦克的人们并没有以此为满足，他们还给坦克的炮塔装上加强装甲板和防护板，并给主战坦克装上履带裙板，这样就进一步提高了坦克的防弹能力。

装甲块外形图

　　在1982年爆发的黎巴嫩战争中，以色列人在他们的坦克炮塔周围和车体上披挂许多长方形的铁盒子，很像中国古代武士们身上披挂的铠甲，新颖别致，人们称之为反应装甲或反作用装甲。在这次战争中，叙利亚和巴勒斯坦解放组织方面被击毁的坦克多达500辆，而以军损失的坦克还不到100辆。一时间这种新式装甲声威大震，各国竞相仿效，像美国的M60A1主战坦克，俄罗斯的T－64B、T－72、T－80主战坦克等，都披挂上了这样的铁盒子，人们形象地称之为坦克的"新式时装"。

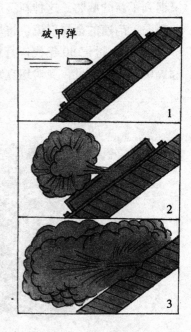

破甲弹

1

2

3

　　可是事过不久，这种披挂"新式时装"的坦克又受到了一种新诞生的长鼻子反坦克导弹的有力挑战。这种反坦克导弹的弹头上伸出一个长约15厘米的"鼻子"，在这个鼻子里装有少量炸药，在导弹击中坦克时，先将鼻子内的炸药引爆，炸掉那些披挂的铁盒子，然后再通过弹头的爆炸来将坦克摧毁。从这以后，坦克的制造者又将披挂的铁盒子增加到两层、三层……

这正是"道高一尺，魔高一丈"，坦克装甲同反坦克武器之间的竞赛方兴未艾。随着科学技术的发展，这类竞赛在今后还将长期继续下去。

发展中的坦克与装甲车辆

随着军事科学技术的进步，各种现代化侦察器材和反坦克武器的不断涌现，给坦克的生存带来了威胁。于是人们给坦克披上"迷彩服"，以迷惑敌人。这就是所谓"隐形坦克"。

瑞典"S"坦克

现在出现了一些新型迷彩涂料。把这些涂料涂在坦克装甲车辆上以后，其色彩与周围环境一致，令人真假难辨；甚至还能吸收雷达波和红外线，使敌人的雷达、热探测器和红外夜视仪等难以发挥作用。

现代坦克的个头越来越矮了。因为个子越矮，目标就越小，越不容易被敌人的炮火击中。而降低坦克高度的基本办法就是取消坦克顶上的炮塔，将火炮直接安装在车体上。像瑞典的"S"坦克，就是没有炮塔的矮坦克。这种坦克的高度只有 1.9 米，是当前世界上最矮的主战坦克。在这

瑞典"S"坦克用推土铲修掩体

种坦克上装有自动装弹机，这样就提高了坦克火炮的发射速度。普通坦克火炮一般是每分钟可发射 8 发左右，"S"坦克每分钟可以发射 10～15 发炮弹。另外，"S"坦克的车体前装甲板下缘处安装了一个推土铲，它可以在 15 分钟内为坦克本身构筑一个掩体。在现代坦克上越来越多地装设微型化和自动化的火控系统，并配有诸如激光测距仪、周视瞄准具、弹道计算机、自动装弹机、双向稳定器、红外夜视仪等现代化仪器设备，从而大大提高了坦克火炮的攻击能力。

有的坦克，例如，美国的 M60A2 主战坦克，不但能发射炮弹，而且还能发射导弹。

另外，还有人提出了将激光炮应用于坦克和装甲车上的设想，就是用激光炮来代替导弹和炮弹。研制中的激光防空装甲车是用豹Ⅱ式主战坦克底盘制成的，它只要用强激光来持续照射目标 1 秒钟，就能摧毁 10 千米以外的敌方飞机和导弹。

美国的电子战轮式装甲车已经投入使用。它与坦克部队协同作战，能给对方的通信和指挥系统构成严重威胁。

坦克设计师们对未来坦克有许多大胆的设想：未来的矮个头坦克将会比现在的坦克跑得快，它的时速将可达每小时跑八九十千米以上；将燃气轮机用在坦克上以后，坦克不仅会跑得更快，而且其使用寿命会更长；给坦克装上核动力发动机，将使坦克能长时间坚持战斗；将燃料电池用在坦

用激光射击的激光坦克

前联邦德国的高能激光防空装甲车

克上，可使坦克变成"无声坦克"；给坦克装上气垫装置，将使坦克在地面上和水面上都能畅行无阻，甚至还能离开地面或水面低飞；给坦克装上技术先进的电脑，将出现无人驾驶坦克或机器人操纵装甲车……不难想像，未来的坦克家族必将更为多姿多彩。

现代战场上的装甲车辆，包括装甲指挥车、装甲侦察车、装甲人员运送车、装甲工程车、装甲抢救车、装甲修理车、装甲架桥车，等等。装甲车辆在现代战争中扮演着极其重要的角色，无怪乎人们把它称誉为战场上的"无名英雄"。

航空母舰

　　航空母舰是本世纪初在美国问世的，人们把它叫做"海上活动机场"，的确名不虚传。

　　航空母舰可分为大、中、小三种类型。现代大型航空母舰的满载排水量为6万吨至9万吨（美国的超级航空母舰"尼米兹"号达9万3千多吨），可装载飞机70至120架，舰体长度可达300多米，宽度可达80米，高度可达70米，足有20层楼房那么高。舰上供飞机起降的飞行甲板足有两个足球场那么大。舰上的舱室可多达1500多个，其中最大的舱室是飞机库，库内可停放上百架飞机。中型航空母舰的满载排水量为3万吨至6万吨，小型航空母舰的满载排水量为2万吨至3万吨。

　　现代航空母舰按用途可分为三类：攻击型航空母舰，排水量大，可进行大规模的海空作战，既可用来攻击敌方舰艇，又可用来轰炸敌方重要目标；反潜航空母舰，主要用于同敌方潜艇作战；泛用航空母舰则兼有上述

两者的特点，其独立作战能力较强。

现代航空母舰的航行速度可达30～35节（1节＝1海里/小时，1海里＝1852米），舰上装有强大的动力装置。大型航空母舰的动力可达22万千瓦（30万匹马力），这相当于3000辆卡车动力的总和。航空母舰一次可以连续航行1万多海里，而核动力航空母舰可以航行得更远。

现代航空母舰上的武器装备，除了导弹、舰炮和水中兵器之外，最主要的进攻性武器就是舰载飞机。

飞机从航空母舰上起飞和降落比在地面上要复杂得多。因为现代喷气式飞机必须加速到350千米/小时的速度才能离地起飞，航空母舰的飞行甲板只有八九十米长，在这样短的跑道上，如果单靠飞机本身滑跑加速，那么还没等飞机离地起飞就掉进海里去了。为此，必须利用一种叫做"弹射器"的特殊装置，像射箭那样将飞机弹射出去。飞机在航空母舰上降落时，也要依靠一种"助降装置"来帮助飞机安全着舰。

在1991年的海湾战争中，以美国为首的多国部队的飞机对伊拉克本土进行了几千架次的猛烈轰炸，这些飞机大部分是从航空母舰上起飞的。

军事专家们认为，未来的航空母舰将可能向以下几个方向发展：

一是小型化。目前的航空母舰目标大、造价高。军事专家正在研究如何实现航空母舰的小型化问题，这对于经济实力不强的国家来说意义

更大。

二是采用新型船体。气垫船和双体船是 20 世纪 50 年代出现的新型船，军事专家们正在考虑如何造出气垫式航空母舰和双体式航空母舰。

三是向水下发展。现代航空母舰目标大，容易遭到敌方的攻击。为此，专家们正考虑如何实现进入水下的问题。据国外传媒报道，包括美、俄在内的一些军事强国已经开始了对"潜水航空母舰"的研究。

隐形军舰

现代侦察技术的发展，单靠传统的伪装技术已经难以达到有效隐蔽的目的。于是，"隐形"技术越来越多地被运用于现代军事伪装。

不但飞机能够避开雷达而"隐形"，军舰也照样可以"隐形"。不过必须承认，军舰的"隐形"比起飞机来，其难度的确要大得多。

首先，军舰的体积大，目标大，而且外形构造复杂，要尽量减少它对雷达电磁波的反射，难度很大。

其次，军舰在海洋中航行，为了不被敌人发现，不仅要尽量减少它对雷达电磁波的反射，而且要提防敌方声纳装置所进行的音波探测。这是因为，目前各国对敌方军舰尤其是对敌方潜艇的探测，多采取雷达与声纳装置并用的方式。这就是说，要解决军舰的"隐形"问题，不但要避开对方雷达的搜索跟踪，而且还要避开对方声纳装置的音波探测。

德国隐形扫雷艇

关于舰艇如何避开音波探测，目前已研制出一种技术先进的气泡发生装置。这种装置一般安装于舰艇的底部，由它喷出空气以产生气泡，用这些气泡把舰艇的水中部分团团包围起来，形成一个用气泡层构成的断续表面，以阻挡由舰艇两舷侧传入水中的杂音，起到阻止音波向海水中散播的作用。有些鱼雷的工作原理就是通过音响来寻找目标（就是通过探测敌舰发动机发出的声响来进行跟踪），一旦遇上了这种带有"气泡发生装置"的敌舰，这类鱼雷也就无所作为了。目前已有不少国家的水面舰艇装上了气泡发生装置。

从技术上说，防止对方雷达电磁波的反射要比防止对方的音波探测难度更大。目前各国对于隐形军舰的设计制造，主要是采取以下两项措施：

一是将舰身的某些部分甚至整个舰身，都用能透过雷达电磁波的特种材料来制造，这样就可以减少对雷达电磁波的反射。目前，具有这种性能的碳纤维增强塑料已经应用于隐形飞机上，预计下一步即可用来制造水面舰艇。

二是改进军舰的外形设计，使射来的雷达电磁波发生折射，从而减少了电磁波的反射。有的国家正在将水面舰艇建造成类似于潜艇的形状，舰体为圆筒式，而军舰上部的构筑物采用倾斜式，这样就能使来自敌方雷达天线的电磁波产生折射，减少反射，从而达到了"隐形"的目的。

显然，如果能够在水面舰艇上配合使用现代伪装技术，那么将会获得更为满意的"隐形"效果。

为了适应未来海战的需要，某些国家正在加紧研制具有"隐形"效果的军舰，预计到21世纪初，这种隐形军舰有可能问世。在高技术战争条件下，"隐形"与"反隐形"的斗争将变得越来越激烈。

气垫飞行器

气垫飞行器也叫"冲翼艇"，它和气垫船、气垫火车是属于同一个家族。气垫飞行器的诞生，同一次化险为夷的意外飞行事故有关。

1932年5月24日，德国的一架"多克斯"号水上飞机在飞越大西洋的时候，刚起飞不久发动机就出了故障，12台发动机中有一部分发动机的转速迅速下降，飞机的飞行高度也越来越低，眼看就要掉进大西洋里去……就在这千钧一发的时刻，"奇迹"出现了：当飞机下降到离水面只剩10米左右的时候，机身好像"自动地"被一种力量托了起来，竟然渐渐地拉平了，海水的波峰掠机身而过，但飞机一直保持着10米左右的高度。就这样，飞机出人意料地终于安全抵达目的地。

实际上，细心的人们早已发现，海鸥、海燕经常舒展着翅膀贴近水面滑翔，显得那样轻松自如，毫不费力。

原来，由于机翼（鸟翼）的形状特殊，它们在空气中运动就能产生一

种向上的"升力"。但当机翼（鸟翼）在贴近水面（地面）运动时，由于它们与水面（地面）的相互作用，使得这种向上的升力增大。这种特殊的物理现象，叫做"表面效应"，聪明的海鸥和海燕，它们正是巧妙地利用了这种表面效应。

"多克斯"号水上飞机

飞机意外得救这件事，启迪了人们的思维，经过长期对"表面效应"的实验研

"里海怪物"乌特卡气垫飞行器

究，一种崭新的交通工具——气垫飞行器便应运而生了。这种气垫飞行器有点像飞机，也有点像船。

从 20 世纪 60 年代中期以来，前苏联率先造出了三种气垫飞行器。其中最先问世的是"埃科兰诺"三翼面气垫飞行器。它装有 8 台喷气发动机，在起落或飞行时，气流喷射到飞行器主翼下方而形成气垫，以增大升力。飞行器垂直尾翼上的两台喷气发动机，用来推动飞行器向前飞行。这种飞行器全长 122 米，可载人 900 多名，可在贴近水面 3.5 米的高度上以 550 千米/小时的速度飞行。

"奥兰"飞行器用两台换向式喷气发动机来代替 8 台发动机。它能同时装载 850 名官兵和两辆坦克，能在浪高 1.5 米的条件下起降和飞行。

"乌特卡"气垫飞行器的机头里装有先进的电子侦察装置，它可携带 6

枚导弹，其航程大，隐蔽性好，能对敌舰和潜艇进行有效攻击，还可用它来扫除水雷。

气垫飞行器能飞越沙漠、江河湖海、冰川和雷区，能在水面上或陆地上起降，能躲过雷达的探测跟踪，其运载量大，飞得远，在登陆战中可以大显身手。

火箭助飞鱼雷

　　鱼雷是一种进攻性的水下武器，它能在水下自动推进，并能自动控制深度和前进方向，自动追踪目标。由于鱼雷形状像鱼，行进中也很像鱼在水中游弋，故以此而得名。

　　和鱼相似，鱼雷也有一个尖圆形的脑袋，叫做雷头。雷头里面装满炸药。鱼雷的身子是两头细，中间圆鼓鼓的，叫做雷身，发动机和压缩空气都装在雷身里面，而那外形像鱼尾巴的雷尾上，则装着舵和螺旋桨。

　　鱼雷问世以后，先后出现了蒸气瓦斯鱼雷、电动鱼雷和自导鱼雷等。在第一次世界大战中，被鱼雷击沉的各国舰艇总数为 162 艘；而在第二次世界大战中多达 369 艘，可见鱼雷在现代海战中扮演着极其重要的角色。

　　然而，鱼雷在水中航行的速度低，航程也不远，因此在对付速度快而潜入深度大的各种现代潜艇时，就显得力不从心了。为了对付潜艇，武器

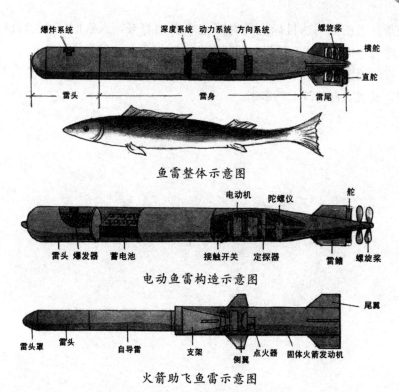

爆炸系统　　深度系统　动力系统　方向系统　　　螺旋桨

横舵

直舵

雷头　　　　　　　　雷身　　　　　　　　雷尾

鱼雷整体示意图

电动机　陀螺仪　　舵

雷头　爆发器　蓄电池　　接触开关　定探器　　雷鳍　螺旋桨

电动鱼雷构造示意图

尾翼

雷头罩　雷头　　　自导雷　　支架　侧翼　点火器　固体火箭发动机

火箭助飞鱼雷示意图

　　专家们想出了一个高招：他们将速度高而且飞得远的火箭与灵巧的自导鱼雷结合起来，二者取长补短，于是一种能够腾空飞行的"火箭助飞鱼雷"便应运而生了。这种崭新的鱼雷通常装备在驱逐舰和护卫舰上，也可以装备在潜艇上，主要用来对付敌方的各种潜艇。

　　从水面舰艇上发射火箭助飞鱼雷时，先点燃助飞火箭，使鱼雷在空中高速飞行。在飞行一段距离后，火箭助推器便和鱼雷分开，这时鱼雷便依靠惯性继续前进。在鱼雷到达目标上空后降落伞自动张开，鱼雷下降速度减慢。鱼雷入水时，降落伞在水的冲击下与鱼雷脱离。从这时开始，鱼雷在其自身的发动机推动下继续向前航行，并自动搜索和追踪目标，直到击中目标为止。

　　从潜艇上发射火箭助飞鱼雷时，多由鱼雷发射器在不同的海水深度上进行发射。发射后先保持水平飞行，飞行一段距离后火箭发动机点火。这时鱼雷按一定角度上升并跃出水面，在空中飞行一段时间后火箭助推器自行脱落。当鱼雷到达目标上空时降落伞自动打开，入水时降落伞自行脱落，此后鱼雷在其自身的发动机推动下自动搜索和追踪目标。

有的国家还在研制"原子鱼雷"，就是把鱼雷和战术核武器结合起来使用，其威力自然就大得多了。

空 雷

人们都知道地雷、水雷和鱼雷，但很少有人知道还有在空中飘浮不定的空雷。空雷是干什么用的？看一看以下这个场面就清楚了：几架武装直升机掠过一片树林，飞到敌方坦克群的上空，猛然发现前方升起了许多奇怪的圆球，其中有的离得很近。这时只听得轰隆一声巨响，其中一架直升机碰上了圆球，起火爆炸了……其他几架直升机见势不妙，驾驶员赶紧将操纵杆拉起，直升机升到了300米的高度，才算躲开了这些可怕的怪物——圆球，化险为夷。

空雷是美国研制的一种专门用来对付直升机的新式武器。它由雷体、近炸引信（用来控制爆炸）、气球、压缩气罐、系雷钢丝绳等几个主要部分组成。

使用空雷时，先打开雷体顶盖，使引信处于待发状态。同时利用装在雷体上的压缩气罐给气球充入氢气。充气后，气球通过系雷钢丝绳将空雷带往空中，让它处在某个位置上"站岗放哨"。敌机一旦碰上气球或系雷钢丝绳，或者敌机从附近经过，其发动机的响声以及由此而引起的磁场变化等，都可能引起近炸引信发生作用而引爆空雷。所以，这种空雷不仅是碰不得，而且也靠近不得！

至于空雷雷体顶盖的打开、引信保险的解除以及给气球充气等，这些任务既可由人工来进行操作，也可以通过有线控制或采取无线遥控的方法来完成。

空雷的布设与地雷的布设方法相似，它既可由单兵、车载布雷器或飞机来布放，也可用大炮来进行发射。空中雷场的布设高度一般是在树梢上方 100 米或再高一些的范围内，主要用来对付敌方的武装直升机或低空飞机。

通常将空雷和气球涂成蓝色，看上去同蓝天的颜色相近，以便于伪装；或者将它隐蔽于云雾之中，使敌机难以发现；最好是采取"埋伏战术"——将布设空雷的时间尽可能推迟到敌机来临之前，给敌人来一个猝不及防。

现代的空雷，不仅是一种行之有效的防御手段，而且也可以作为进攻性武器。

军事专家们还在蕴酿着研制一种"智能化"的空雷。它可以主动寻找目标，及早发现目标和准确识别目标。这种空雷不仅可以对付敌方的直升机，甚至还可以用来对付敌方的卫星。

空雷不是不可防范的。利用高射炮、高射机枪以及群射火箭等，可以在一定范围内排除空雷的威胁。

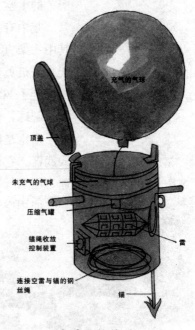

空雷结构简图

声　纳

　　战争离不开侦察，因为只有"知己知彼"，才能"百战不殆"。现代对空侦察，有号称"千里眼"的雷达；对地面、水面的侦察，有"高瞻远瞩"的侦察机和侦察卫星。那么，用什么办法来对水下进行侦察呢？用望远镜或雷达行吗？都不行！

　　首先说用望远镜为什么不行吧！因为海水能够吸收光线，随着海水深度的增加，光线会变得越来越暗，到了深海，就简直变成了一个黑暗的王国。

　　使用雷达更不行！因为大海是一个吸收电磁波的"无底洞"，电磁波一入海，很快就被海水吸收而变成热量损耗掉了。正由于电磁波在水中寸步难行，所以雷达在水下也就无能为力了。

　　对于声波，情况就大不一样。声波一到水中，就像是脱了缰绳的骏马，每秒钟可以跑 1500 米以上，差不多相当于在空气中的 5 倍。

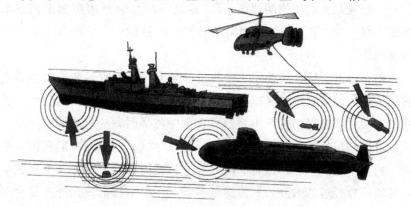

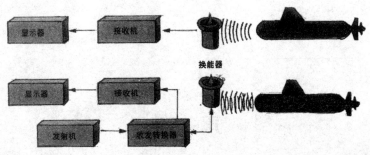

主动式声纳

第一次世界大战期间，协约国方面的军舰及商船，被同盟国方面的德国潜艇击沉的，多达4000余艘。为对付这种来自水下的威胁，当时协约国方面研制出一种"噪声定向仪"——它能收听到水下潜艇螺旋桨发出的噪声，并根据这种噪声来测定敌方潜艇所在的位置。但这种仪器测不出潜艇的距离有多远，特别是当敌人的潜艇在水下静止不动时，就什么也测不出来。

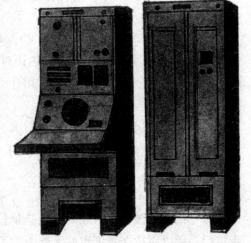

接收和显示器　　　发射机

后来有一位名叫郎之万的法国物理学家研制出一种"回声定位仪"——这就是我们所说的"声纳"。这是一种完全利用声波来侦察水下目标的工具。"声纳"是英文缩略语 SONAR 的读音，它的含义是"声音导航和测距"。

声纳是由发射机、换能器、接收机、显示器、定时器和控制器等主要部件组成的。发射机能够制造电信号，这种电信号先通过换能器变换成声波信号，然后才发射出去。声波信号在水中传播时，一旦遇到像潜艇、水雷、鱼群等"目标"，就立即反射回来进行"报告"，这与我们在山谷中听到的"回声"相似。返回报告的声波信号被换能器接收后，再变换成电信号，这电信号经过放大处理后传给显示器，在显示器的荧光屏上显示出电波信号曲线图。人们根据从曲线图上反映出来的声波信号一去一回所用的时间和声调的高低，就可以测出"目标"在何处，距离有多远，并能准确判定"目标"究竟是什么东西——是潜艇，是深水炸弹，是水雷，还是鱼群。

声纳发展到今天，已经有许多种。粗略地分类，在军用方面，可分为水面舰艇声纳、潜艇声纳、航空声纳、海岸声纳等；在民用方面，有在渔船上用来探测鱼群的声纳、在海洋考察船上用来探测海底地貌结构的声纳等。总之，随着科学技术的发展，今天人类在海洋里的各种活动，不管是军事活动还是民事活动，都离不开声纳。

有矛必有盾，对付声纳也是有办法的，其中最有效的办法是降低潜艇发动机发出的声音，使对方不易发现。另外也可以利用干扰器对敌方的声纳装置实施干扰；或者利用模拟器产生一些虚假的信号来欺骗敌方的声纳，使敌人真假难辨。反声纳的技术出现以后，反过来又促进了声纳技术的发展。

"智能雷达"

　　雷达在现代战争中占有极其重要的地位，不论是空战、海战、陆战，甚至空间战争，都离不开雷达和其他电子、光电子探测设备。空中的飞机、导弹、卫星和云雨气象，海上的舰只和礁石，地面上的车辆、兵器、部队、人员、工厂、桥梁和建筑物等，都可成为雷达探测的目标。今天，几乎没有一种武器系统是不使用雷达的，甚至在步枪上或炮

美国 AN/MPQ－10 型雷达

美国 AN/TPS－27 型雷达

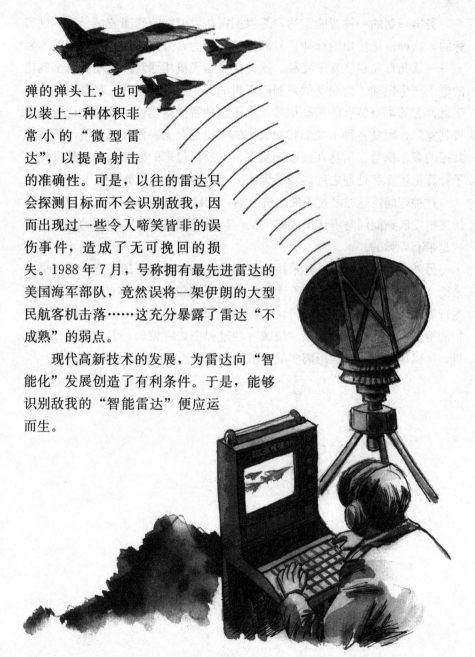

弹的弹头上，也可以装上一种体积非常小的"微型雷达"，以提高射击的准确性。可是，以往的雷达只会探测目标而不会识别敌我，因而出现过一些令人啼笑皆非的误伤事件，造成了无可挽回的损失。1988年7月，号称拥有最先进雷达的美国海军部队，竟然误将一架伊朗的大型民航客机击落……这充分暴露了雷达"不成熟"的弱点。

现代高新技术的发展，为雷达向"智能化"发展创造了有利条件。于是，能够识别敌我的"智能雷达"便应运而生。

美国研制的一种智能雷达，是根据雷达发射的特殊回波信号来识别目标的。这种雷达使用的脉冲信号的持续时间为百分之一秒，其频率范围较宽——从几百兆赫到几千兆赫。这些信号与飞机相遇时，能使机身金属内的电子产生振动，而振动的强弱随飞机的形状和尺寸而异，就是说每一种飞机都有其本身特有的振动信号。由于这种智能雷达使用的脉冲信号频率极其宽广，因此各种不同形状和大小的飞机都会无一例外地产生与雷达波共振的频率信号。雷达在接收到从飞机上反射过来的频率信号回波并经电子计算机运算和处理之后，就能辨认出它是属于哪一种类型的飞机了。

　　这种智能雷达在经过不断改进之后，它已从当初每一次只能辨认出一架飞机发展到能同时辨认出多架飞机，甚至还能辨别那些相同的飞机中哪些是带有导弹的。

　　另外还有人在研制一种采用微波成像技术的智能雷达，它能通过微波来给飞机拍摄"快像"。电子计算机在对不同位置上众多的飞机"快像"进行处理之后，即可准确地辨认出各种不同型号的飞机。不过，由于这种智能雷达在对飞机连续拍摄"快像"的过程中费时较长，因而往往贻误战机，所以这种智能雷达距离实战要求还有相当长的一段路程要走。

美国 E-3A 预警机

预警飞机

将雷达搬上飞机，这是军事指挥员很早就有的愿望。因为地面雷达在防空作战中有两个致命的弱点：一是受地球曲率的影响，存在很大的"盲区"，探测不到低空飞行的目标；二是地面雷达的机动性差，开机后容易暴露自己。为了提高雷达的作用距离和生存力，第二次世界大战以后美国着手将雷达搬上飞机的试验。于是，一种集警戒、指挥、控制于一体的飞机——预警飞机便应运而生。预警飞机相当于把雷达和 C^3I（通信、指挥、控制、情报）系统都搬到了空中，因此它是一种高度自动化的"空中指挥所"。

美国"鹰眼"预警机

瑞典"米特罗"Ⅲ预警机

E-2C 预警机

在 1991 年的海湾战争中，预警飞机得到了广泛的应用。在"沙漠风暴"行动开始的第一天，参战的预警飞机就多达五六架。在发起空袭之前，美军利用各种专用的电子对抗飞机，在空中预警飞机的指挥下，不断地对伊拉克军队实施远距离电子干扰，使伊军的通信和雷达预警系统失灵，这样就为多国部队的飞机进入伊拉克打开了通道。

多国部队的"爱国者"导弹拦截伊拉克的"飞毛腿"导弹屡屡得手，这在很大程度上也是依靠了预警飞机的帮助。只要"飞毛腿"导弹一旦发射升空，马上就被空中的多国部队预警飞机发现。预警飞机可以将探测到的各种信息，随时通过卫星通信信道传至万里之外的澳大利亚大型计算机数据处理中心。有关信息数据经高速运算处理后，通过国际数据通信网络及时传送到"爱国者"导弹发射基地。"爱国者"导弹正是根据这些信息来发射升空和跟踪目标的。

在实施"沙漠风暴"行动的 42 天中，多国部队出动各种类型的飞机超过 11 万架次，平均每天超过 2700 架次，其中最多的一天超出 3100 架次，顺利地完成了对伊拉克的侦察、干扰、摧毁电子系统、空战、对地攻击和纵深轰炸等一系列作战任务，形成了全方位、多层次的空中"电子网"和"火力网"。其电子打击力度和空袭强度之大，密度之高，都是前所未有的。所有这些行动的成功，在很大程度上是依赖于空中的预警飞机。

有的军事专家认为：在未来战争中，如果能够首先摧毁对方的预警飞机，或者至少能够对其实施有效的干扰和反干扰，那就足以给对方构成致命的威胁。

美国 P-35 "猎户座" 预警机

EA-6B "徘徊者" 电子干扰机

1124N 海上搜捕预警机

前苏联 "苔藓" 空中预警机

前苏联 N-76 预警机

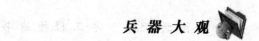

飞艇的重新崛起

　　飞艇在第一次世界大战期间曾立过显赫战功。它既能用来轰炸、反潜、扫雷、领航，也能担任运输。但是好景不长，由于飞艇"肚子"里的氢气容易爆炸，使用不安全，故逐渐退出了历史舞台。后来人们采用新型的高强度材料来制造艇身，并且人们还发现可以用安全可靠的氦气来代替"脾气火暴"的氢气，这样一来飞艇又得以东山再起，重新活跃在战场上。

　　飞艇有许多优点。它不需要机场，能飞往任何偏僻山区；能垂直起落或悬停在空中，通过吊车来装卸货物；用它来侦察敌情时，比预警飞机更

优越，因为在大型飞艇上可安装大型相控阵雷达天线，再配合艇内的红外探测器和电子计算机，可发现 10000 千米范围内的目标，并能同时对几百个活动目标进行跟踪。

当敌方从地下发射井或从潜艇上发射导弹时，飞艇能根据发射尾流很快地发现目标，并通过微波发射随时将有关信息传送到作战指挥中心。

飞艇是依靠浮力升空，不需要把能量消耗在产生升力上，可节省大量燃油，其运输费用很低。如果把大型货运飞机每吨千米的运费定为 10～20 的话，那么直升机则为 100～200，而飞艇只有 1～2。人们旅行时乘坐飞艇，比乘坐火车或轮船贵不了多少。

美国的大型现代军用飞艇，长 128 米，艇上装有长达 100 多米的雷达抛物面天线，天线可以转动，可以及时发现低飞的小目标。这种飞艇能够机动灵活地进行低速飞行。由于这种飞艇使用了大量非金属材料，不但重量轻，而且能躲过敌方雷达的搜索。它有一个宽阔的密封舱，可供驾驶人员长期使用。这种飞艇即使被扎破了也无妨，因为它里面所装的氦气压力不高。

这种大型军用飞艇可在 1500～3000 米的高度上悬飞。它可以居高临下地监视海面舰艇的部署情况，预警周围敌人可能发射的超低空反舰导弹，并可在彼此相距较远的我方各个舰队之间担当中转联络任务。处在 1500 米高度上的飞艇，能够对 100～130 千米范围内的各类目标进行监视，并可及早发现敌方来袭的导弹。而目前水面舰艇发现飞来导弹的最大距离只有 30 千米左右。

化学武器

　　化学武器是指在战斗中利用毒剂来杀害敌方有生力量的武器。通常可以把它分为以下六大类：

　　第一类是"神经性毒剂"。这是现代化学武器中杀伤力最强的一种，一般呈气态，也有呈液态的。人一旦吸入了这种毒气，或者皮肤上沾上了一点点，就会有生命危险。先是呼吸困难，四肢抽搐，接着就是晕眩昏迷，人事不知。如不及时抢救，几分钟内就会死亡。

　　第二类是"糜烂性毒剂"。包括芥子气、路易氏气、氮芥气等，其共同特点是：人中毒后2～6小时皮肤上便出现红斑；再过十多个小时红斑区周围便出现小水泡；3～5天后水泡溃疡（糜烂）。

　　第三类是"全身中毒性毒剂"。主要包括氢氰酸和氯化氰，它能破坏人体组织细胞的氧化功能，引起人体组织全身急性缺氧，甚至导致全身血液凝固，所以又叫"血液毒剂"。

化学防护服

　　第四类是"失能性毒剂"。例如，有一种叫"毕兹"的失能性毒剂，主要是通过呼吸道引起中毒，人中毒以后的主要表现是：反应迟钝，昏昏欲睡，像醉了酒似的东倒西歪，皮肤潮红，瞳孔放大，心跳加快，体温升高。它是一种白色或黄色的无味粉末，不溶于水，但能够使水源染毒。

防化兵在侦毒

第五类是"窒息性毒剂"。1821年，英国化学家约翰·戴维把一氧化碳气体与氯气合在一起，在日光的作用下进行"光化合成"，生成一种新的气体，叫做"光气"。光气是最典型的窒息性毒剂，主要通过呼吸道引起中毒。人们吸进光气以后，会立刻感到胸闷、喉干、咳嗽、头晕、恶心，若得不到及时抢救，经过2～8小时以后便会出现严重咳嗽、呼吸困难、头痛、皮肤青紫等症状，并且咳出淡红色泡沫状痰液，严重时会引起肺水肿，造成肌体严重缺氧，窒息而死。

第六类是"刺激性毒剂"。在第一次世界大战初期，德国人最先在战场上使用的化学武器有两种：其中一种叫"催泪刺激性毒剂"，能使人眼大量流泪，并且疼痛；另一种叫"喷嚏刺激性毒剂"，能使人打喷嚏，剧烈地咳嗽，呼吸困难。这两者都是刺激性毒剂。

施放化学毒剂的方法很多，可以把它装在炮弹内发射出去，也可以把它装在炸弹内由飞机进行投放，还可以把它装在导弹或鱼雷内进行发射，

此外，还可以用飞机布洒器进行大面积喷洒。

世界各国在1925年签订的日内瓦议定书中，明确规定禁止使用化学武器。1948年，联合国安理会常规军务委员会把化学武器列为大规模毁灭性武器。

核武器

核武器是在第二次世界大战末期出现的一种威力巨大的新式武器,一般说来,它包括原子弹和氢弹。在 20 世纪 70 年代,又出现了一种新型的核武器——中子弹。

第二次世界大战期间,美国经过多年的研究,耗资 20 多亿美元,造出了三颗原子弹。1945 年 7 月 16 日,在美国新墨西哥州的阿拉莫戈多附近的沙漠地带,爆炸了其中的一颗。这是世界上第一次核试验。

另外的两颗,其中一颗是"枪式"原子弹,起名"小男孩",是用铀做核燃料;另一颗是"收聚式"原子弹,起名"胖子",是用钚做核燃料。

在当时日本侵略者行将彻底崩溃的前夕,也就是在 1945 年 8 月 6 日和 9

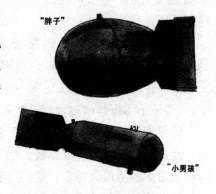

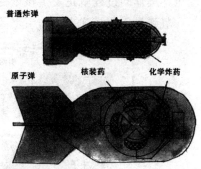

原子弹与普通炸弹

日这两天,美国使用它的 B−29 型轰炸机,分别把这两颗原子弹投放在日本的广岛市和长崎市,给这两个城市造成了空前的浩劫。

原子弹的巨大威力是来自肉眼看不见的原子核,所以人们把原子弹叫做核弹或核武器。宇宙间一切物质都是由原子组成的,而每个原子的中心部位都有一个带正电的原子核。原子核内所拥有的能量大得惊人，它比一般的化学反应所产生的能量要大几百万倍。当原子核发生"裂变"反应或"聚变"反应时，都会把其中蕴藏的巨大能量释放出来。1克铀在核裂变过程中所释放出来的能量，相当于 20 吨梯恩梯炸药所含有的能量。

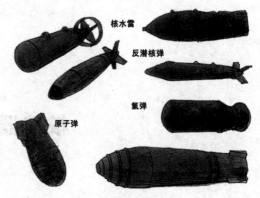

不同类型的核武器

原子弹的爆炸过程是这样的：先由起爆装置点燃雷管，进而引爆炸药。在炸药爆炸所产生的高压的作用下，将本来分成几块的核装药压合在一起，而在此过程中所放出的中子使核装药发生链式反应（也叫连锁反应），而原子弹爆炸的过程就是链式反应的过程。

轻元素的原子核在极高的温度作用下，会"聚合"成较重元素的原子核，在这一过程中会释放出极其巨大的能量，比原子核发生"裂变"反应时释放出来的能量大得多。这一过程叫做"核聚变反应"或"热核反应"，而氢弹爆炸的过程就是发生核聚变反应的过程。

氢弹是用原子弹来作为引爆的"扳机"的，因此氢弹的构造同原子弹

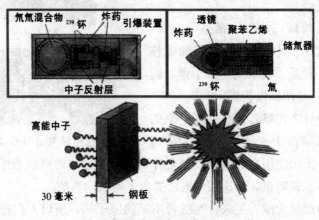

中子弹的杀伤作用

基本上是一样的，所不同的只是：作为氢弹，它在原子弹的核装药外面还装填了"热核装药"，这样就能利用原子弹爆炸时产生的极高温度来使"热核装药"发生核聚变反应。

氢弹的威力比原子弹大得多。1952年爆炸的世界上第一颗氢弹，其威力相当于当年投向广岛那颗原子弹的500倍。

洲际导弹

导弹与火箭不同，它本来的含义是"导向炮弹"或"导向火箭"。导弹与火箭的根本区别就在这个"导"字上。一般地说，装有控制系统并且能够自动导向目标的火箭武器，就是导弹。但不能把这个说法当作导弹的确切定义，因为这里只说了一种导弹。实际上，除了有上面所说的装有火箭发动机的导弹以外，还有另外一种导弹，就是装有空气喷气发动机（跟喷气式飞机上装的发动机一样）的导弹。但是，不管是火箭发动机还是空气喷气发动机，它们都是根据反作用原理（喷气原理）来工作的，可以把它们统称为"反作用发动机"。现在，我们就比较容易地给导弹下一个确切的定义了：**导弹是装有反作用发动机、有飞行控制系统和战斗部的无人驾驶飞行器。**

射程在 8000 千米以上的弹道式导弹，就叫洲际导弹。这种导弹可以从一个洲飞到地球上的其他任何一个洲，故称为"洲际导弹"。前苏联于 1957 年 8 月 26 日试射 SS - 6 弹道式导弹获得成功，其射程达到 8000 千米以上，这便是世界上第一枚洲

"大力神I"导弹

美国巡航导弹

际导弹。它是在德国的Ｖ－２导弹的基础上发展起来的。这种导弹主要用来袭击敌方的重要固定目标，可以携带核弹头。

洲际导弹的全称是"洲际弹道导弹"。为什么要给这种导弹加上"弹道"二字呢？就因为它是按预先计算好了的轨道来飞行的。

这种弹道式导弹的发射和巡航式导弹不同，它是竖立在发射台上进行发射的。发射后垂直上升，在上升到一定高度之后，再按预定轨道飞行。由于它主要是在没有大气的外层空间飞行的，所以这种导弹不需要弹翼，而只有用来保持弹体平衡的尾翼。

为了使洲际导弹能够飞得远，就必须要使它达到很高的飞行速度，这就要求运载洲际导弹的火箭在飞行中不断加速，而这样一来就需要携带很多的燃料。科学家

美国"宇宙神"洲际导弹

们通过实践证明，要发射洲际导弹，不能只用一级火箭，而必须采用多级火箭，一般是采用三级火箭。三级火箭的工作过程是这样的：第一级火箭（装在尾部）的燃料被烧完以后便自动脱落，同时第二级火箭（装于中部）开始工作；当第二级火箭的燃料被烧完以后同样自动脱落，同时第三级火箭（装于头部）开始工作；到第三级火箭的燃料被烧完而自动脱落时，洲际导弹的弹头已经达到了很高的飞行速度，这时，借助于导弹控制系统的

控制和导引，导弹便会自动飞向目标。

目前各国所拥有的洲际导弹中，弹体最长的要数俄罗斯的"瘦子"（代号为 SS－10）洲际导弹。它长达 30 余米，足有十几层楼房那么高。这种洲际导弹的射程达 12000 千米。

目前飞得最快而且射程最大的洲际导弹，是美国的"大力神"洲际导弹。"大力神"导弹的飞行速度约 7000 米/秒，超出声音传播速度的 20 倍。它的射程达 15000 多千米。

需要特别指出的是，现在的洲际导弹大多具有"分头术"，又称"多弹头分制导"，就是在快要到达目标的时候，由导弹"母体"内同时射出许多个（有的多达十多个）带有核弹头的小导弹。这些小导弹一个一个地都像长了"眼睛"一样，分别地飞向不同的目标，使对方防不胜防。

中国战略导弹

反坦克导弹

在导弹大家族里，有一位身材矮小的小弟弟，它经常拖着一个长长的"尾巴"，其貌不扬，这就是在1973年第四次中东战争中立过赫赫战功的反坦克导弹。

反坦克导弹是在第二次世界大战以后问世的，已经发展到第三代。现在第四代反坦克导弹也已在研制之中。

美国"龙"式反坦克导弹

第一代反坦克导弹是由射手用肉眼观察手动操纵的。射手通过一根长长的导线来传递控制指令，以实现对导弹的操纵。导弹在飞行过程中，这条导线就像一条长长的尾巴。假若这条尾巴断了，那么导弹就像断了线的风筝，失去了前进的方向。在平时，这根导线缠绕在一个小圆筒上并藏在导弹的"肚子"里，到发射时它才被自然地牵引出来。俄罗斯的"斯瓦

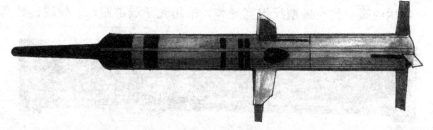

美国"陶2"式反坦克导弹

特"导弹、法国的"SS－10"导弹以
及英国的"旋火"导弹等，都是第一
代反坦克导弹的典型代表。

　　第二代反坦克导弹在技术上先进
一些，射手只要把瞄准镜内的"十"
字线对准目标，射出的导弹就能借助
于长导线来传递地面仪器设备发出的
控制指令，而自动飞向目标。这样就
可以减轻射手的操作疲劳，但仍然离
不开"长尾巴"导线的帮助。法国和
德国合作研制的"霍特"导弹，要算　　法国"霍特"反坦克导弹发射车

是第二代反坦克导弹的典型代表。此外，像美国的"陶"式和"龙"式导
弹，法国的"阿尔朋"式导弹，以及法国和德国合作研制的"米兰"式导
弹等，都是属于第二代的反坦克导弹。

　　第三代反坦克导弹在技术上更为先进，它完全摆脱了"长尾巴"导线
的困扰。这一代反坦克导弹大体上包含两大类：其中一类是采用激光制
导，它像是长了"眼睛"一样，能自动跟踪目标，直到击中目标为止；另
一类反坦克导弹是采用电视制导，多从直升机上进行发射，导弹的前端装
有电视摄像管，能把导弹与目标之间的偏差反映到装在直升机驾驶员前面
的荧光屏上，射手根据从电视里看到的情况来发出"指令"，便可使导弹
自动飞向目标。

　　由于第三代反坦克导弹价格昂贵，所以目前各国在实战中仍多使用第
一代和第二代"长尾巴"反坦克导弹。

　　我国的第一代改进型反坦克导弹，采用光学瞄准跟踪、导线传输指

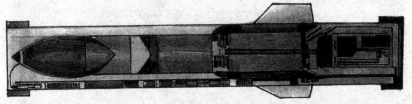

"霍特"反坦克导弹内部结构示意图

令、红外半自动制导方式，主要用于攻击坦克、装甲车辆，也可用于摧毁火力点和简易野战工事。我国的第二代反坦克导弹，采用光学瞄准跟踪、红外半自动有线制导方式，适合于步兵携带，既可地面发射，也可车载发射，主要用于摧毁坦克、装甲车辆等目标。

潜地导弹

潜地导弹是从潜艇上发射的弹道式导弹，主要用来攻击敌方的地面重要目标。一些军事专家把潜地导弹、洲际导弹和远程战略轰炸机称为"三位一体"的战略武器。

有人可能会问：在地面上发射导弹不是最方便不过吗，又何必"别出心裁"，硬要把导弹搬到潜艇上去发射呢？这，正是为了更加有效地保全自己和打击敌人。

由于敌方侦察卫星的"间谍"活动，给导弹的生存带来了严重的威胁，即使是存放于地下井中隐蔽巧妙的战略导弹，也往往容易暴露，难以完全逃脱敌方的攻击。

为了提高战略导弹的生存能力，人们一直千方百计来设法提高它的机动性。导弹的机动方式

潜地导弹出水后的情景

是多种多样的，除了水下机动（从潜艇上发射）之外，还有空中机动、铁路机动、越野机动、公路机动、地面掩体机动等。实战表明，水下机动发射是其中最理想的机动方式之一。

运载潜地导弹的潜艇一般来说都是核动力潜艇，它每次下水后可以在水下潜航两三个月。每艘核潜艇一般可携带潜地导弹16～24枚。由于这种核动力潜艇的噪声小，隐蔽性好，它独往独来，神出鬼没，往往使敌人防不胜防。

潜地导弹一般都显得短而粗，其弹体为圆柱形，弹头呈圆锥状，动力系统和控制系统都装在弹体内，其头部可以装核弹头。

在平时，潜地导弹存放于潜艇的专用发射筒内。发射时，由压缩空气弹射系统或燃气蒸汽弹射系统将导弹弹射出去。压缩空气或燃气蒸汽具有1013～1520千帕（10～15个大气压）压力，能使导弹获得10～12g的加速度，最后达到45米/秒左右的弹射速度。

导弹被弹射出发射筒以后，先在水下垂直上升，钻出水面。当弹体尾部即将离开水面时，弹体内的火箭发动机开始工作，控制系统使导弹按预定的飞行程序飞向目标。

最先拥有潜地导弹的国家是美国、前苏联和法国等国。我国的第一枚潜地导弹是在1982年试射成功的。美国通过20多年的苦心经营，其潜地

导弹出水 15~25 米，一级发动机点火

25~30 米

35 米

从水下发射潜地导弹

导弹的射程已从中程发展到洲际，射击精度从 3.2 千米提高到 0.23 千米。第三代"三叉戟"Ⅱ型潜地导弹，是美国目前最先进的海上战略武器之一。它是使用固体燃料火箭发动机的三级洲际导弹，弹长 13.9 米，弹径 2.08 米，全弹重 57 吨，射程 11000 千米，装有多弹头。它的"子"弹头具有机动飞行的能力。

巡航导弹

巡航导弹也叫飞航式导弹，实际上它是一种喷气推进的无人驾驶飞行器。由于它的大部分航迹是处于"巡航"状态的，所以叫做巡航导弹。所谓巡航，就是说它依靠弹翼产生的气动升力来支撑其重量，依靠喷气发动机产生的推力来克服前进的阻力，能够在某一最经济的飞行高度上作较长时间的恒速（近乎恒速）航行。

"战斧"导弹是美国在 20 世纪 70 年代研制的一种巡航导弹，它有两个翅膀，看上去有些像飞机，所以也叫机型导弹。"战斧"巡航导弹于 1983 年装备美国海军，既用在水面舰艇上，也用在潜艇上。在 1991 年春天的海湾战争中，"战斧"初露锋芒，引起了军事技术专家的广泛关注。

在同类导弹中，"战斧"有其独到之处。一是可以进行超低空飞行。在发射以后，导弹首先迅速爬高，然后自动转为低空巡航飞行状态。从导弹发射到转入巡航飞行状态的时间大约为 1 分钟。在海面上它可在 7～15 米的高度上掠海飞行；在陆地上平坦地区，可在 60 米左右的高度上巡航飞行；在崎岖山地，可在 150 米左右的高度上巡航飞行。由于这种

"战斧"巡航导弹

美国 A6 攻击机发射"战斧"

导弹的巡航飞行高度很低（特别是在海面上飞行时），因而很容易避开敌方雷达的搜索。二是弹上的电脑控制系统能够自动搜寻目标并发起攻击。三是其弹体表面涂有一层特殊的材料，能够吸收雷达发射的电磁波，因而具有"隐身"的能力，不易被对方的雷达发现。四是具有敌我识别装置，因而在准确地攻击敌方的同时，不会误伤了自己人。

"战斧"巡航导弹既可从陆地上发射；也可由大型轰炸机携带，在空中发射；还可在水面舰艇上或水下潜艇内进行发射。

"战斧"巡航导弹上带有技术先进的"地图匹配制导装置"，能够准确地攻击目标。地图匹配制导装置的作用如同人们所用的旅游图。它是通过卫星照相事先把导弹飞行沿线的实际地形拍摄下来，制成底片或编成密码，存入弹上的微型计算机里。导弹起飞后，弹上观测设备便把观测到的数据和事先拍摄下来的图形逐一地进行比较对照，一旦出现偏差，就说明导弹偏离了预定飞行路线，这时弹内的电脑控制装置便立即发出控制指令，对导弹的飞行进行控制，使导弹回到预定的飞行路线上来。在导弹的

飞行中的"战斧"

整个飞行过程中，这种控制是反复进行的，直到导弹击中预定目标为止。

"战斧"巡航导弹系列目前有三种型号："战斧"对地核攻击导弹，射程 2500 千米，命中精度 30 米，战斗部（弹头）威力为 20 万吨梯恩梯当量级，可用于实施对地面的核攻击；"战斧"反舰导弹，射程 463～556 千米，战斗部为半穿甲型，可用以攻击远方的敌舰；"战斧"对地常规攻击导弹，射程 1112～1297 千米，战斗部为常规高能炸药，命中精度为 30 米。

目前美国正在加紧研制能超音速飞行的"第三代巡航导弹"，这种导弹将从地下发射井中垂直发射，用火箭发动机加速，在高度达到 12000 米时展开弹翼和尾翼，进入"巡航"飞行。人们又把这种导弹叫做"巡航弹道导弹"。据国外传媒报道，这种新式巡航导弹有可能在 21 世纪之初装备美军。

反导弹武器系统

有矛必有盾，这是事物发展的普遍规律，武器的发展规律同样也是如此。

所谓反导弹武器，是指那些专门用来对付弹道式导弹的武器系统。

由于弹道式导弹的性能（包括命中精度和威力）在不断提高，其威胁性越来越大，这就迫使人们不得不千方百计地研制能够防御这种导弹的武器系统。于是，以雷达、计算机和反导弹武器三者组合而成的反导弹武器系统便应运而生。

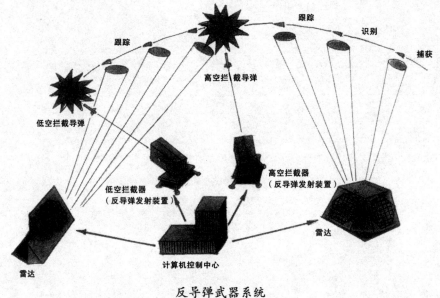

反导弹武器系统

反导弹武器系统的雷达能及时发现对方打过来的弹道式导弹。现在有一种"远程警戒雷达"，能够"看"到5000千米以外的目标。通过它发现了对方来袭的导弹之后，己方部队可以有10～15分钟的准备时间。

一旦发现对方同时来袭的是多枚弹头时，系统的计算机可立即运用"大气过滤法"分辨出哪些是真弹头，哪些是假弹头。因为物体在由空气稀薄的高空进入大气层时，由于空气阻力的作用，那些质量轻而形状不规则的假弹头，必定会落在质量重而外形规整的真弹头后面。然后，及时发射"反导弹"，对敌方来袭的真弹头进行拦截，并将其摧毁。

高空拦截器"斯帕坦"导弹

为了提高预警的效果，可借助"导弹预警卫星"。有了它，就可以在敌方的导弹发射1分钟后及时发现，为己方的作战部队赢得更多的准备还击时间。

需要指出的是，上面所说的反导弹武器系统目前在技术上还难以实现，加之其造价也特别昂贵，因此目前各军事强国正在另辟蹊径，寻找新的"反导"方法。它们目前采用的主要办法是：

（1）激光反导。利用激光辐射器所产生的强激光束来摧毁敌方来袭的导弹。

（2）屏幕式反导。利用大当量核爆炸时所产生的高能粒子束或固体微粒，

低空拦截器"斯普林特"导弹

形成一个"辐射屏幕"，使敌方来袭的导弹在通过这种"屏幕"时遭到损坏。例如，固体微粒在"钻"进弹头之后，便使导弹的引信失灵或者引起

弹头提前爆炸。

（3）沥青云反导。散布一种由粘性物质——沥青颗粒所形成的"云雾"，当敌方来袭的导弹穿过这种云雾时，沥青便附着在弹头上。在弹头由太空进入大气层以后，由于弹头与空气摩擦而生热，使沥青着火燃烧，从而使弹头报废。

反舰导弹

反舰导弹是用来攻击舰艇（船）的导弹。它可以从空中、岸上、舰上和水下等不同的场合进行发射。同一种反舰导弹也可以用于不同的场合。反舰导弹是在第二次大战后发展起来的。战后各主要工业化国家都先后开展了反舰导弹的研制和生产，其中有的国家已形成了自己的反舰导弹系列。随着科学技术的发展和战场环境的变化，反舰导弹也一代一代地更新，一代更比一代强，目前已发展到第四代。

"飞鱼"导弹是法国研制的一种超低空掠海飞行的空对舰导弹，它可以说是第四代反舰导弹的典型代表。这种导弹于 1972 年开始研制，1978年投产，1980 年装备部队，目前已销售到世界上许多国家。它主要装备在

直升飞机携带 MM40 "飞鱼"岸防导弹

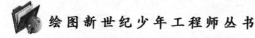
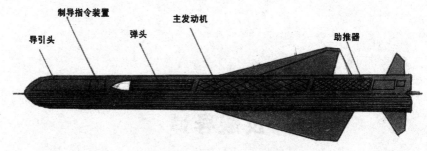

"飞鱼"导弹结构示意图

直升机、海上巡逻机和攻击机上，用以攻击敌方的各类水面舰艇。

"飞鱼"导弹长 4.7 米，弹径 350 毫米，射程 50～70 千米，制导方式为惯性加主动雷达制导。导弹由导引头、制导指令装置、弹头、主发动机和助推器等几个部分组成。导弹中部有 4 个弹翼，而尾部的 4 个弹翼成"X"形配置。

携带"飞鱼"导弹的飞机到达目标上空的空域以后，先打开机上雷达进行搜索，在找到目标以后便进行识别和跟踪目标，并使航向陀螺对准目标的方向，然后发射导弹进行攻击。在发射导弹时，载机的飞行速度一般控制在 300 米/秒左右。当在 300 米的高度上发射导弹时，导弹的射程为50 千米左右；当在 10000 米的高度上进行发射时，导弹的射程可达 70千米。

导弹发射后自由下落 10 米左右以后，助推器开始点火，导弹加速，先达到超音速，然后又降为亚音速而进行自动制导，紧接着导弹又迅速下降到距离水面 15 米的高度上作水平飞行，当到达距目标 10 千米左右时导弹再次下降，降到离水面只有 2～8 米，直至命中目标为止。

在 1982 年 5 月的英阿马岛之战中，阿根廷海军的"超级军旗"式战斗轰炸机在距离目标 40 千米处发射了一枚"飞鱼"导弹，一举击毁了英国的"谢菲尔德"号驱逐舰，给英军以沉重打击，从此"飞鱼"导弹也名声大震。此外，军事专家从"谢菲尔德"被击沉这一事件中得出这样的结论：未来的海战将是在电子对抗条件下的一种"捉迷藏"式的游戏，往往是把飞机、舰艇藏匿在远处，运用先进的电子技术装备不断地欺骗、麻痹敌人，收集敌方的情报，一旦有可乘之机，便用导弹发起突然攻击。

在现代化舰艇上装有各种技术先进的电子战设备，因此反舰导弹必须采取相应的对抗措施。新一代的反舰导弹，已广泛采用编码技术和频率捷变雷达导引头、复合导引头、成像导引头、智能化导引头和隐形技术等，这样就不但大大提高了导弹的命中率，而且也增加了攻击的隐蔽性和突然性，往往使敌方防不胜防。

地（舰）空导弹

　　地（舰）空导弹武器系统也称为防空导弹武器系统，包括地空导弹和舰空导弹两大类，它是用来对付敌机和敌方来袭导弹的导弹武器系统。

　　德国在第二次世界大战中最先研制地空导弹，随后美、苏、英等国也相继对地空导弹进行了研制，但都未能投入实战。

　　到了20世纪50年代，由于高空远程轰炸机逐渐成为空中的主要威胁，于是美、苏、英等国相继研制了第一代地空导弹武器系统，如美国的奈基、前苏联的SA－2、英国的警犬等导弹，这些导弹武器系统，现在大都已经退役了。

　　到20世纪六七十年代，由于飞机转入低空入侵，促使防空导弹向低空和超低空方向发展，出现了新的地空导弹和舰空导弹，如美国的霍克、前苏联的SA－6、英国的长剑、法国的响尾蛇等导弹，这些都是属于第二代防空导弹武器。这些防空导弹武器系统都分别采用了无线电、红外、激光和光电复合等多种制导技术，因而大大提高了系统的抗干扰能力和武器的命中率。

　　从20世纪70年代中期起，空中威胁除了飞机之外，出现了

"爱国者"导弹发射

战术导弹。飞机的入侵以低空、超低空突防为主，并采用高低空相结合的多层次、多批次、多方向的饱和攻击，同时还辅之以多种干扰手段，这就促使技术更为先进的第三代防空导弹武器系统应运而生，如美国的爱国者、前苏联的 SA－12、法国的 SA－90 等导弹。这些导弹武器系统大都采用了多种制导手段并存的制导方式，这样就大大提高了抗干扰能力和全天候作战能力，大大增强了它们的机动性和快速反应能力。

"爱国者"导弹是美国研制的新一代中远程、中高空地对空导弹，具有全天候、全空域、多用途的作战能力。这种导弹配备有技术先进的"相控阵雷达"，能够同时探测和识别多个目标，准确跟踪、命中和摧毁敌方来袭的飞机和导弹。

在 1991 年春天的海湾战争中，"爱国者"导弹拦截伊拉克的苏制"飞毛腿"导弹屡屡得手，一时间在全世界传为佳话，使得"爱国者"导弹的声威大震，被人们戏称为"飞毛腿的克星"，成了某些人心目中的"安全保护神"。

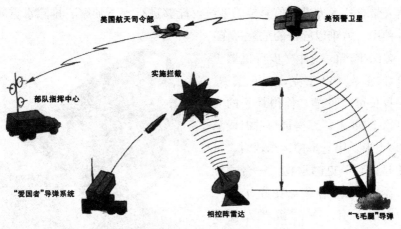

"爱国者"拦截"飞毛腿"示意图

军用机器人

在第二次世界大战期间，德国陆军曾研制了 5000 辆无人驾驶的坦克。他们通过电线或通过无线电传送信号来控制坦克行驶，用它所携带的炸药去摧毁对方的防御工事。这便是最早的军用机器人。

现代服务型机器人进入军事领域，便成为现代军用机器人。早在 1985 年，美国海军就开始使用机器人在海底开展清洗和打捞沉船的业务。这种机器人带有技术先进的信号传感系统，能够进行水下侦察、排除水雷和其他各种用人力难以胜任的危险工作。

美国生产的一种"步行机器士兵"，体重为 168 千克，有 6 条腿。它的身长可以伸缩，伸得最长的时候可达 1.98 米，缩得最短的时候只有 0.91 米。用它来搬运东西时，可以托起 816 千克的重物。一台这样的机器人可以顶十来个壮劳力。

美国还有一种"机器人侦察兵"。它能够根据敌方的反应来随时编制电脑程序，其造型如同一辆小型战车，可以充当"流动哨兵"。它由微电脑、人工智能软件和远程监视传感器等主要部件构成。在平时，它可担任基地或机场外围的警

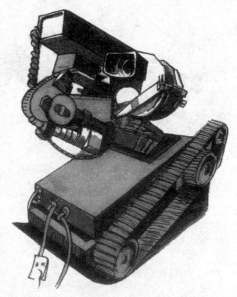

未来的"消防员"

戒任务，能够识别那些"不速之客"，一遇上"敌情"便会立即发出警报。在战时，它可以根据主人发出的遥控指令来使用随身携带的武器，如轻机枪、手榴弹、催泪弹等。

一些军事强国都在加紧研制各种各样的多用途军用机器人。比如，能够在前线抢修军车，运送粮草、弹药和燃料等战斗物资的军用机器人；能够架桥、筑路、布设地雷和施放烟雾的军用机器人；能够充当"步兵侦察班"去收集对方军事情报的军用机器人，等等。

消除炸弹或执行危险任务机器人

在 1991 年的海湾战争结束后，以美国为首的多国部队在清理战场的过程中，使用了一种带有多重履带的遥控军用车辆，这也是一种军用机器人。它能够适应各种复杂地形，可以爬 45°的斜坡，能够进入很狭窄的走廊和坑道内进行各种危险作业，包括清除地雷和尚未爆炸的炸弹、炮弹等。

国外还有一种机器人扫雷车，其外形像坦克，但车顶上没有炮塔。车上设有两个专门用来装炸药的大箱子，车前安有扫雷棍。在扫雷的时候，第一步是首先向前方发射炸药，将地雷引爆；第二步是再用扫雷棍来清除那些尚未引爆的"漏网地雷"。

英国制造的一台巨型机器人，有三个很大的"吸盘"，能够把停放在航空母舰上的"鹞"式飞机（一种垂直起落飞机）"吸"起来，使飞机对准航向，然后通过它那能够转动的巨臂将飞机高高地举起来，使飞机腾空而飞。当飞机返回时，机器人早已伸出巨臂在等候飞

驮运智能"战士"

回的飞机，并能熟练地把飞机"抓住"，然后轻轻地放到航空母舰的甲板上。

为减少未来战场上士兵的死亡率，一些军事强国还在加紧研制能够在战场上冲锋陷阵的"机器人士丘"

目标传感器

　　在 20 世纪 60 年代末期的越南战场上，在有名的"胡志明小道"附近的丛林中，出现了一些奇特的"热带植物"。正是在这些植物所在的地方，怪事发生了：每当越南的车辆通过这里，几分钟之后准有美国飞机追踪而来……

　　原来，这并不是真正的热带植物，而是美军投放的战场"间谍"——目标传感器。这些东西看上去很像自然生长的灌木，所以人们把它叫做"热带树"。"树"的枝条就是传感器的发射天线。车辆从附近通过时产生的地面振动信号，被"树"中的拾振器获取以后，变换成电信号，通过发射天线传送到一二十千米以外的监测站。由监测站及时报告作战指挥部，由指挥部下达行动指令。

　　这类目标传感器对振动极为敏感，它可以测出 30 米远处的行人或 300 米远处的车辆的动静。布设时可以通过飞机来进行空投，也可以用火炮发射或用人工埋设。目标传感器有许多种，包括压力传感器、音响传感器、电磁传感器和红外传感器等。

　　压力传感器多埋设于公路上，利用传感器软管内液体承受车轮压力的变化，来探测公路上敌方部队和车辆的活动情况。

车辆的载重量越大，则压力变化的信号就越强，以此来判别目标的类型和大小。

音响传感器常与振动探测器配合使用。当振动探测器测出人员或车辆通过时的振动信号后，音响传感器就开始监听周围的音响（比如汽车发动机的声音），并及时传送给监测站。

当携带武器的人员或车辆通过时，会引起地球磁场的变化。电磁传感器就是通过测量这种变化来侦察目标的。它在获得电磁变化的信号以后，通过天线用无线电波向监测站发送信号。监测站以计数、灯光和音响等方式显示出来，或通过电话直接向作战指挥中心报告。

红外传感器是利用红外光来侦察目标的。传感器上的红外发射机发出的红外光束一碰到目标就能及时发现目标；另外也可利用目

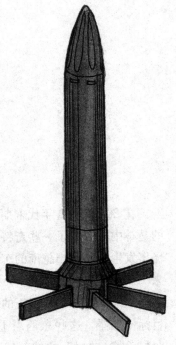

155 毫米炮射传感器

标本身发出的红外光来侦察目标。把这种传感器设置在丛林中或小道旁，当有人通过时，传感器便能测出人体与周围环境之间的温差。利用它不但能发现目标，而且能测出目标运动的方向。

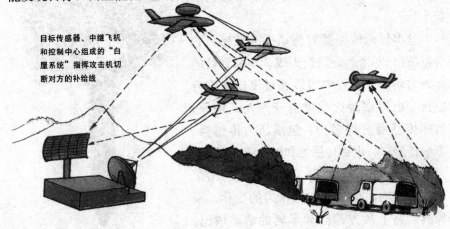

目标传感器、中继飞机和控制中心组成的"白屋系统"指挥攻击机切断对方的补给线

激光武器

同普通光相比，激光的主要特性是方向性强、亮度大、相干性高、单色性好。激光的亮度比太阳表面的亮度要高出 400 亿倍以上。把激光作为武器，正是利用了激光亮度大这一重要特性。

激光武器的杀伤破坏作用，主要体现在三个方面：一是烧蚀效应——激光照射到目标上以后，其中一部分能量被目标吸收而化为热能，使目标表面局部出现熔化及气化而穿孔，或出现严重变形；二是激波效应——激光照射到材料（目标）表面后产生的熔化、气化可以形成激波，这种激波可以传播到材料（目标）的另一面，形成反射作用，将目标拉断，并产生层裂破坏；三是辐射效应——目标表面因气化而形成等离子云，造成目标本身的结构及其内部的电子元器件、光学元器件的损伤。

对于激光武器有各种各样的分类方法，在这里我们只是简单地把它分为低能激光武器和高能激光武器两大类。

坦克潜望镜的玻璃窗口

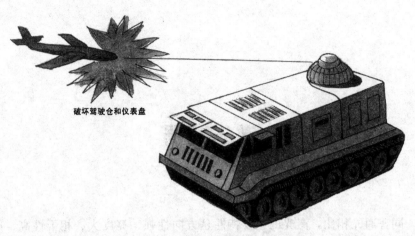

破坏驾驶仓和仪表盘

前苏联研制的防空激光武器

低能激光武器又叫激光轻武器，主要用于对付单个的敌人，可使对方失明、死亡或丧失战斗力；同时也能使对方的激光（红外）测距仪及各种夜视仪的光敏元件失灵。目前的低能激光武器包括激光枪、激光致盲武器等。

高能激光武器又叫激光炮，简称光炮。激光炮的威力很大，其用途也很广。比如：

（1）打飞机。美国陆军在试验激光炮时，曾用它击落过两架飞行在万米高空的无人驾驶靶机。

（2）反导弹。美国陆军在武器试验中曾用激光炮击毁了1千米以外一枚正在高速飞行的反坦克导弹；此外他们在试验中还用激光炮摧毁了一枚飞行在650千米高空的高空探测火箭。俄罗斯在激光武器的研究方面比美国起步更早，他们装在宇宙飞船上的激光炮，已经能够准确地摧毁敌方袭来的洲际核导弹。

（3）反卫星。高能激光束能破坏

激光炮

卫星上的太阳能电池、光敏元件、精密仪器仪表、电子设备和照相装置等。

（4）反坦克。激光炮能够损坏坦克的潜望仪器，伤害坦克乘员的眼睛，但目前的激光炮还难以破坏坦克的装甲。

此外，激光炮还可用来破坏敌方的雷达和通信设备；甚至还可以用它来在敌方的森林、山区及城市中进行大面积纵火，因此，激光炮也是一种新型的纵火武器。

电子战

现代化战争，离不开现代化武器和电子信息。命令和情报的传递，飞机和舰艇的导航，火炮和导弹的控制，以及对付敌方飞机、导弹来袭的预警等等，哪一样都离不开雷达、通信系统和电子计算机。第二次世界大战结束以来，特别是最近一二十年来的各类局部战争都已证明：无形的电子战和硝烟弥漫、鲜血淋漓的战场直接相连，雷达、电子对抗设备等"软杀伤"武器的威力，丝毫也不逊色于飞机、大炮、坦克、导弹等"硬杀伤"武器。

电子战包含三个方面的基本内容：

第一步是电子侦察，就是把敌方电子设备的数量、性能及其所在的位

置等完全弄清楚。这项工作在平时和战时都可以进行，可以通过雷达、侦察飞机和侦察卫星等侦察手段来摸清敌方的情况，以作为制定对策的依据。

第二步是电子对抗，也就是刻意去破坏或削弱敌方电子设备的工作效能，甚至将它彻底摧毁。在这方面所采取的主要手段是电子干扰。例如，在海湾战争中，多国部队在对伊拉克首都实施大规模空袭之前，就有几十架专用电子战飞机升空，其中包括美国海军的电子干扰机 EA－6B（绰号"徘徊者"）和美国空军的电子干扰机 EF－111A 在内。这些飞机一方面对伊拉克的雷达和通信设施实施大功率的"阻塞式"干扰，很快就使伊军的通信中断，雷达迷盲（雷达荧光屏上出现白茫茫一片，雷达操作员甚至根本就瞅不见正从自己头上飞过的飞机）；另一方面，这些专用电子战飞机还布撒了大量的干扰箔条，形成一个"箔条干扰走廊"。这样一来，伊军的雷达就根本无法为自己的高炮和地空导弹指示目标。

第三步是反电子对抗。在我方实施电子干扰的同时，敌方也在实施反干扰。在各国军队中，都有由专门人员组成的"电子对抗部队"，他们手中 的 武器 不是枪炮和弹药，而是电子设备和干扰器材。

军事专家们认为：如果说 18 世纪的战争是陆战，19 世纪的战争是海战，20 世纪

的战争 是空战，那么 21 世纪的战争将是电子战；在未来战争中，获胜者将是"拥有最新式电子战兵器"的一方。

在现代战争中，除了各种高技术武器装备大量地使用了电子设备外，侦察、指挥、通信、情报以及后勤保障系统都离不开 电子设备。总之，现代化战场就是一个充满电子的世界！在战争中对付电子设备的原则，是千方百计地尽量使敌方的电子设备失灵甚至完全失效，同时尽量使我方电子设备的效能得到充分发挥，以消灭敌人，保全自己。

实　践　篇

　　实践是检验真理的唯一标准，科学的真理同样要在实践中去经受检验。一切知识都是来源于实践，任何的发明创造也都是来源于实践。我们可以毫不夸张地说：离开了人类的实践活动，人类社会就不会有今天的物质文明和精神文明。

　　可是，在科学技术突飞猛进的今天，有的人却仍有重理论而轻实践的表现。从思想方法上来说，这种表现的本身是直接违反科学的。

　　青少年代表着祖国的未来，是 21 世纪的主人。本篇收入了介绍兵器小常识和模型制作等的短文，期望青少年读者阅后能够在老师和家长的指导下，自己动手制作，以锻炼实际操作能力，充实感性知识，并且把读书与思考紧密地结合起来，做到手脑并用，持之以恒，不断提高自身的创造力。

枪弹杀伤力的演示

　　枪弹主要是用来杀伤敌人有生力量的武器。枪弹对于有机体（人和骡马等的躯体）的杀伤，并不只是简单地"钻"一个孔，有时候还会出现"小孔进、大孔出"和"脑袋开花"的可怕现象。

　　这是怎么造成的呢？从下面两个简单的模拟试验中，我们不难看出枪弹的杀伤力到底有多大。

　　第一个试验：用绘图纸做一个160毫米×80毫米×40毫米的长方形纸盒；为使它不漏水，先浸上蜡。盒内盛满水，放在一块木板上，木板两端搁在两条板凳上，中间悬空400毫米。在十多米至几十米以外以步枪瞄准

脑袋开花

"小孔进，大孔出"

纸盒正中（沿纸盒长度方向）平射一枪。结果，纸盒飞散，水溅满地——这些，自然都不会使人感到意外。

使人感到奇怪的是，子弹并没有擦着纸盒下边的木板，可是木板上却出现了破损，甚至可能被折断。这是为什么呢？原因就在于：在弹头以很高的速度穿过盛水纸盒的一刹那间（万分之几秒），有一部分能量被释放出来；正因为时间非常短，而水和其他一切液体一样，具有不可压缩的性质，于是子弹释放出来的这部分能量就变成了水的冲量，作用到木板上，使木板受损甚至折断。

这种现象，在杀伤弹道学上叫做"液体动力作用"。

枪弹射入人体（或其他动物体）中液体（流体）聚集的部位（如心脏、膀胱、胃、脑等）时，同样可能出现这种"液体动力作用"现象，形成类似于爆炸的杀伤作用，甚至出现"脑袋开花"！不过试验表明，只有当弹头的飞行速度不低于 600～700 米/秒时都会出现这种现象。

第二个试验：在十几米至几十米以外，用步枪瞄准平射一个尺寸为 200 毫米×200 毫米×280 毫米的大肥皂块，在肥皂块上出现了"小孔进、大孔出"的喇叭形弹洞。有人把这叫做"弹头的侧向作用"。

为什么会出现这种现象呢？原来，肥皂的密度比空气的密度高出 1000 多倍，当弹头由空气中进入肥皂以后，所受到的阻力骤然增大，以致使弹头失去了原有的飞行稳定性，变得像风吹落叶那样左右摇摆而翻滚着前进，于是在肥皂上形成一个喇叭形出口。

弹头射人有机体的肌肉内所产生的杀伤破坏作用，比上述现象更为严重。因为弹头射入后所形成的"冲击波"，还会使距离弹孔较远的部位出现肌肉坏死现象；甚至即使弹头没有挨着骨头，也会使弹头附近的骨头出现裂缝或折断。一般说来，被子弹击中的部位肌肉越厚，这种破坏现象就越严重。

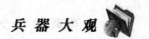

炮弹为何总也打不到同一个地方

有一个现象是很有趣的。如果我们朝着某一个目标连续发射几百发（或者更多）炮弹，那么我们就会发现，这些炮弹不但不会落到同一个弹坑里，而且这些"弹着点"分布具有一定的规律，它正好形成一个椭圆面。椭圆面的长轴方向正好是大炮的射击方向；在椭圆面的中心部位"弹着点"最密集，叫做"平均弹着点"，又叫做"散布中心"。

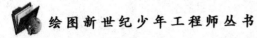
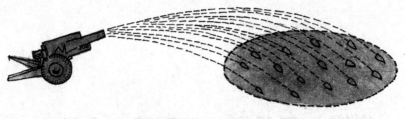

弹着点呈现椭圆形

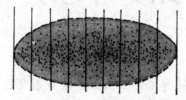

弹着点的分布规律

　　同样，我们用同一支枪发射许多发子弹，那么随着子弹飞行距离的增加，射弹会逐渐向外扩散，这中间可能存在互相交错的弹道，形成起点集中在一起而弹道逐渐向外分散的现象。这许多弹道像一把大扫帚，我们把它称为"集束弹道"，而集束弹道中央的那一条弹道叫做"平均弹道"。如果我们在一定距离上竖起一块木板，与弹道方向垂直地切割弹道，就可以看出弹着点在木板平面上的分布情况，而这些弹着点在木板上所占的面积叫做"散布面"。这个散布面也正好呈椭圆形状。

　　这个椭圆里的弹着点分布也是有一定规律的：我们以"平均弹着点"为基准，那么落在它前面的炮弹数目和落在它后面的炮弹数目大致相等，落在它左面的炮弹数目也和落在它右面的炮弹数目大致相等。

　　另外，要是把椭圆面沿短轴方向分割成间隔相等的八段，那么便可发现：在靠边的两段区域内各落全部炮弹的 2% 左右；往里的两段区域内各落全部炮弹的 7% 左右；再往里的两段区域各落全部炮弹的 16% 左右；处于中间的两段，则每段各占 25% 左右。这种有趣的现象，在数理统计学中叫做"正态分布"或"高斯分布"规律。

　　为什么炮弹总也打不到同一个地方呢？其主要原因是：

　　第一，每次射击都会有震动，使炮筒的射向或多或少地出现差异；

　　第二，每一颗炮弹本身的装药量和重量，都不可能做到完全相等；

第三，每射击一次，炮筒都会受到腐蚀和磨损；

第四，气象条件，如温度、湿度、气压、风力等，也不可能在每一次射击时都完全相同。

所有这些因素，都是造成弹着点不断变化的原因。

如何使弹丸在水中稳定飞行

我们知道，射出去的枪弹之所以能够在空气中稳定飞行，是由于枪管里有膛线（即来复线），是膛线使得射出去的弹丸产生高速旋转，借助于"陀螺效应"来使弹丸在飞行中保持稳定。

但是，在空气中能够保持稳定飞行的弹丸，一旦进入水中，便会很快地变得不稳定。为什么会这样呢？这一方面是由于水的摩擦力比空气的摩擦力大，迫使弹丸的旋转速度很快地衰减下来；另一方面（也是更主要的一方面）是由于水的密度比空气的密度大得多，因而水对弹丸的翻转力矩也比在空气中大得多。

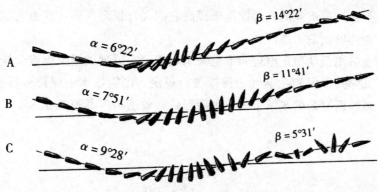

$$\beta = 14°22'$$
$$\alpha = 6°22'$$
A

$$\beta = 11°41'$$
$$\alpha = 7°51'$$
B

$$\beta = 5°31'$$
$$\alpha = 9°28'$$
C

弹丸在水中跳飞的运动姿态

那么，怎样才能使弹丸在水中保持稳定呢？或者换句话说，采用什么形状和结构的弹丸才能在水中保持稳定滑行呢？对于原本采用陀螺稳定原理的旋转弹丸来说，只需要把弹头的尖部削平并将弹丸的尾部挖空就行了。

在弹尖被削平以后，可以使水对弹丸的升力反向，这样就能把水对弹丸的翻转力矩变为稳定力矩，于是弹丸的"攻角"（即弹丸轴线与运动方向之间的夹角）逐渐减小，从而有利于保持稳定。

在将弹丸的尾部挖空以后，便使得弹丸的质心前移，同时也给弹丸穿上了一个"筒裙"——其作用相当于一个起稳定作用的尾翼，从而提高了弹丸在前进中的稳定性。

实践证明，在给弹丸施行了上述两项"整形手术"之后，可以大大提高弹丸在水中滑行的稳定性，确保子弹在水中前进时不致东倒西歪和翻跟斗。

实际上，采取上述措施，同样也能提高弹丸在空气中飞行的稳定性。曾经风靡一时的新型炮弹——底凹

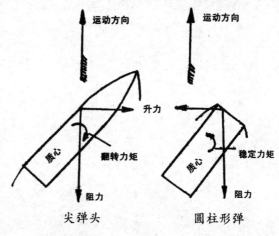

尖弹头　　　　　圆柱形弹

弹，就是通过将炮弹的底部挖空来提高它的飞行稳定性的，这也为加长弹丸和改善弹形创造了条件。

　　对于采用摆动稳定原理而不是采用陀螺稳定原理的尾翼弹或长杆形弹来说，其弹丸不仅能在空气中保持飞行稳定，也能在水中保持滑行稳定。例如，俄罗斯制造的水下手枪使用箭形弹，就能确保其弹丸在水下保持稳定滑行。

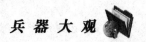

有趣的彩弹枪游戏

　　彩弹枪游戏是 20 世纪 80 年代兴起的新型军事体育运动项目之一。这种游戏说起来既简单又安全，同时又富有挑战性和趣味性，使人兴味盎然，百玩不厌。这种游戏虽然目前还未成为世界性的体育运动项目，但在国际性的比赛中已经屡见不鲜。我国同澳大利亚合资，已在北京开发了这一军事体育运动项目。

　　彩弹枪，外形与气枪及半自动步枪相似，口径一般为 17.5 毫米左右。它由枪管、机匣、枪尾、枪机、发射机、弹盒和气瓶等部分组成，枪的材料包括铝合金、不锈钢和塑料等。它是依靠高压二氧化碳气体来发射彩弹的，而所用二氧化碳气体的数量由一个结构简单的阀门来进行控制。大部分的彩弹发射器都带有一个体积为 0.2 升的二氧化碳液化气瓶，每瓶足以用来发射 200 粒彩弹。发射器的上边有一

彩弹枪的外形

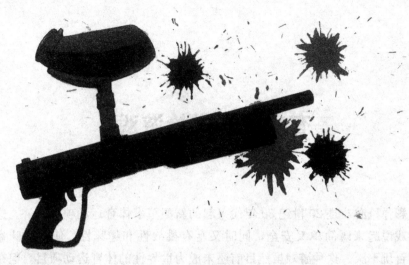

彩弹枪

个漏斗状的弹盒，每次可装几十至几百粒彩弹，彩弹借助于重力自动进入发射器的枪膛。发射时，射手打开高压二氧化碳气瓶，即可将彩弹发射出去。

彩弹是一种由明胶制成的胶囊，内盛水及多种色素，看似彩色玻璃球，对人体无伤害。

彩弹枪运动的规则目前多种多样，一般是把参加人员分成两个队，每队5～50人，比赛中双方互射彩弹，当击中对方时彩弹破裂，被击中部位染上颜色——这就是被淘汰的标志，被淘汰者自动打着白旗退出比赛。

为了安全，参赛者必须佩戴护目镜。参赛者一旦越出指定区域便失去了参赛资格。裁判员的职责是控制比赛的进展和时间，处理比赛中可能出现的争端，执行比赛规则。参赛者在比赛中可随时进行休整和进餐。

彩弹枪游戏巧妙地将军事体育运动与娱乐融为一体，各种职业和各种年龄段的人员都能参加，尤其备受中老年人和妇女欢迎，参赛者可以亲身体验到"真枪实弹"的"战斗"乐趣，玩起来令人兴味盎然，并且通过参赛还可以提高射击技巧。

根据国外传媒报道，彩弹枪运动比高尔夫球、网球、游泳等运动项目更为安全，也更引人入胜。它已成为90年代的一项新兴运动娱乐项目，其发展前景极为广阔。

我国自行研制的第一代彩弹枪，其口径为17.5毫米，枪长为520毫米（不带气瓶），枪重为850克。这种产品已畅销国外，受到各国消费者的广泛欢迎。

自制小火箭模型

　　火箭是一种重要的军事武器。它的飞行原理，是利用所携带的燃料燃烧，喷射出气体，借助气体的反作用力向前飞行。我们可以制作一个简单而有趣的小火箭飞行模型。

　　取一个眼药水滴瓶，用烧红的针尖，在瓶的底部扎一个直径为 0.1 毫米左右的圆孔，作为喷口。找一段软铁丝，绕紧在滴瓶尾部后，将铁丝向前弯曲 90°，保持铁丝和滴瓶平行。铁丝尖端用以放置酒精棉球。

　　根据滴瓶尾部的大小，用薄铁片制作一个小圆筒，用 502 胶粘合。圆筒上装上两个尾翼。把圆筒套在滴瓶尾部，就做成了小火箭模型。小火箭

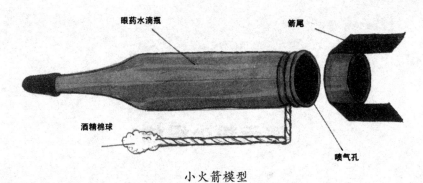

眼药水滴瓶　箭尾

酒精棉球　　喷气孔

小火箭模型

要制作两枚。

　　将一根长为 300 毫米左右的圆棍竖立在一个圆木板底座的中心，制成支架。支架圆棒顶端牢固地竖立一根钢针，针尖向上。取一段长 15 毫米左右而内径为 3 毫米的玻璃管，用酒精灯或煤气炉的火焰将它的一端熔化并封住。封时不要使玻璃管变弯。这就制成了一个"轴承"，套在钢针上。玻璃轴承外面套上一段橡皮管。再取一根 450 毫米长的粗铁丝，中间弯成圆环，紧套在玻璃轴承的橡皮套上。再根据滴瓶直径，将铁丝两端弯成环形，用来卡住两个小火箭模型。

　　在一个支架上也可以装上 4 枚小火箭，这时除要多作小火箭模型外，装配时一定要对称，使之平衡。如果装配得当，在一个支架上也可以装三枚小火箭。

　　如果有条件，火箭模型不用滴瓶，而是用薄铁皮，自己动手制作，用502胶粘合成密封的火箭筒。尾部打一个0.1毫米的小孔，上侧面打一个2～3毫米的孔作为向里装热水的口子，然后用橡皮塞子塞住，并用胶带纸把塞子绑紧，防止漏水，以及防止在飞行中橡皮塞脱落。

　　表演时，在火箭模型里装入热水，然后将一团浸有酒精的棉球安放在模型的铁丝上，点燃棉球，刹那间滴瓶（或小箭筒）内的水便沸腾了，水蒸气从喷孔急剧喷出，推动火箭模型绕圆柱旋转飞行。

　　操作时必须注意安全，防止伤人，防止火灾。

演示粉尘爆炸

　　军用物资库，如面粉仓库、建筑材料仓库，以及其他一些仓库，都是严禁烟火的。在一些军用仓库中，如果不通风、粉尘太多，遇到火种，就容易爆炸。

　　粉尘真能引起爆炸吗？我们不妨制作简单的粉尘爆炸演示器来进行试验。

　　用硬纸板剪成一个半径 30 毫米的半圆面，把它粘成一个顶角大约为

60°的圆锥面，把圆锥的尖顶去掉，就做成了一个漏斗"头"。再取一根玻璃管，长度为 35 毫米左右，直径为 6 毫米左右，把漏斗"头"与玻璃管粘成一体，做成一个漏斗。在漏斗内放一个胶泥球或玻璃球，球的直径比漏斗的玻璃管直径稍大一点。

取一只透明的大广口瓶子，瓶子的壁要厚一些。把瓶子下部截去，余下部分的高度约为 150 毫米。把它倒立在木制支架上，并且要固定好。瓶口塞上一个木塞或胶塞。塞子上钻一个 6 毫米直径的孔，将漏斗的玻璃管通过此孔，再在漏斗的玻璃管上装一根较长的橡皮管。如果用嘴向着软管内吹气，就能把漏斗里的球吹起来。

在木塞上再装一枚大头针，大头针上安放一根小蜡烛。

用腻子（或沥青）把广口瓶截断的断面修补平整，使得在上面盖上一个薄木盖后，盖子与瓶子断面之间不致出现空隙。

粉尘爆炸的演示是这样进行的：先取下广口瓶上的木盖子，在漏斗内放入少量已炒干了的细面粉，点燃蜡烛，把木盖盖好。从橡皮管口用嘴向里吹气，使小球离开漏斗小口，面粉粒就弥漫在整个瓶中，这些粉尘一遇到烛火就会发生爆炸，同时木盖腾空而起。

这是因为在空气中面粉的悬浮颗粒与空气接触面积很大，容易引起燃烧，产生二氧化碳和水蒸气，同时产生大量热量，这些气体受热后，体积急骤膨胀，发生爆炸而使瓶盖腾空飞起。

为保证演示的安全，广口瓶的瓶壁要稍厚一些，还可以在瓶子外面围一层铁丝网进行加固。

链式反应演示器

用中子击中铀原子核，铀核俘获了中子，很快分裂成两个碎片，并且放出一定能量，还产生出 3 个中子；这 3 个中子又分别去轰击铀核，俘获了中子的铀核又裂变成碎片，放出能量，产生中子；中子又去轰击铀核……这样一次接一次地进行下去，便形成链式反应，同时放出大量能量，这就是原子弹爆炸的核裂变过程。

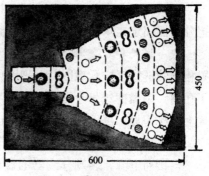

○ 中子　　　　8 俘获中子后的铀核
● 铀核　　　　◉ 铀核分裂后的碎片

链式反应示意图

原子弹爆炸的核裂变过程，可以通过最简单的方法，用不同颜色的显示灯，形象地展示出来。制作演示器的步骤如下：取 450 毫米宽、600 毫米长的三合板做底板，在上面画出链式反应示意图。图中用圆形符号来表示粒子：中子直径为 6 毫米；铀核直径为 25 毫米；俘获了中子的铀核画成像花生米似的长腰形，由两个直径都为 12 毫米的圆相连来表示；铀碎片直径为 12 毫米；裂变过程的方向用箭头表示，箭头长 12 毫米。

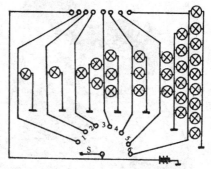

链式反应演示器的电路图

181

在各个粒子的位置上，钻出小孔，其大小要正好能够把显示灯泡放进小孔中去。灯泡选用 2.5V 电压的。把灯泡放入小孔中，而表示各粒子的灯泡分别涂上不同颜色的油漆。

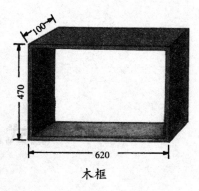

木框

用硬纸板做成 15 毫米宽的纸板条，沿着图中的虚线，把各组灯泡围起来，并固定好。这样，在灯泡发光时不会相互干扰。

用木板做一个木框，把底板固定嵌入木框中。

买一只有 8 个位置的分线器，把它的两端竖直的小金属棒拆去，然后把分线器固定在木框侧壁上，按电路图把电池、分线器、灯泡接好。

取一张长 600 毫米、宽 450 毫米的纸板，在上面画出与底板相同、位置相应的链式反应示意图，并把图中的粒子和箭头用刀刻掉，使它们变成了孔洞。用墨把纸板涂黑，只留各小孔透光。把纸板紧贴在同样大小的玻璃上，作为显示屏。把显示屏放到已做好的演示器木框上。木框还可以再安一个支架。这样，演示器就做好了。

当接通电源，转动分线器的旋转手柄，使原先位于"0"位的电刷依次通过 1、2、3、4……各接点时，在显示屏上依次闪亮的各种彩灯便显示出链式反应的过程。

学点射击知识

在打枪的时候，首先要把子弹推送进枪膛（枪管的弹膛）内，再瞄准，然后才能扣动扳机。为了能够打得准，瞄准是极其重要的环节。

不管是什么型式的枪，枪管的前端上方都有一个突出的小三角形（也有长方形的），叫做"准星"。在枪的中部上端有一个标尺，而标尺上有一个缺口，叫做"准尺"。在射击时，目光通过缺口、准星而到达射击的目标。为保证能够打得准，必须使缺口、准星和目标三者落在同一直线上。古老的枪械是没有准星的，所以不容易打得准。

扣动扳机以后，机针借助于击锤的打击或枪机前进的推力，其尖端以一定的力量撞击子弹的底火，底火内的起爆药随即发火燃烧，火焰通过传

枪管里的"来复线"

火孔而喷入弹壳体内，引燃发射药，立即产生大量的火药气体。这种火药气体具有很高的温度和很大的压力（就步枪子弹而言，射击时弹壳体内的压力接近于 3×10^5 千帕），迫使弹头脱离弹壳，沿着枪管内的"膛线"高速旋转并加速前进，冲出枪口并直奔目标。这个"发射过程"，实际上是极其短暂的，总共也不过千分之几秒。

枪管里为什么要有"膛线"呢？这完全是为了提高射击的精度。膛线也叫"来复线"，它是英文 rifle 的译音。当你摸到一支枪时，可别忘了往枪管里仔细瞧瞧，那里面可不是光溜溜的，而是刻有几条螺旋形的凹槽，这是阴膛线；而在每两条阴膛线之间是一条凸起来的棱线，这是阳膛线。膛线都是右旋的。

各种枪的膛线数量不同。大口径机枪的膛线共有 8 条（阴阳膛线各 8 条），而步枪、冲锋枪、轻机枪及手枪的膛线都是 4 条。膛线并不是笔直的，它们和枪管轴线之间构成一定的角度，膛线上任意一点的切线与枪管轴线的平行线的夹角为 $5°42'$。

我们通常所说的枪的口径有多大，指的是相对的两条阳膛线之间的距离有多大。由于弹头最粗部分的直径要比枪的口径大，例如枪的口径为 7.62 毫米时，弹头直径则为 7.87～7.92 毫米；因而在扣动扳机以后，子

• 184 •

弹在出膛之前，膛线就像钳子一样地将弹头紧紧夹住，而火药气体的强大压力则从弹头的底部一个劲儿地挤压着弹头，使得弹头按膛线的方向旋转着前进，以保持弹头飞行的稳定性。

细心的读者可能从拣来的弹头上见到过，在有的弹头上有一条条的凹沟，而这些凹沟又和弹头的轴线形成一定的角度。这是怎么回事呢？这正是膛线卡住弹头所留下的痕迹。

枪管里的膛线为何能使射出的子弹保持飞行稳定呢？这从儿童玩耍的陀螺可以得到启发。我们知道，陀螺上粗下细，它如果不以很高的速度旋转，不可能直立起来；而只要用绳子一抽，使它以很高的速度旋转起来以后，它就稳稳当当地竖立在地面上了。旋转得越快，就立得越稳。同样的道理，枪膛里有了螺旋形的膛线，当扣动扳机以后，子弹底部的火药被点着，产生一种压力很大的气体，推动弹头沿着枪膛旋转着奔向枪口。子弹飞出枪口以后，借助于惯性，继续以很高的速度旋转着前进。这样，子弹就能稳稳当当地飞向目标，而不致出现左右摇摆或翻跟斗等现象，提高了射击的精度。

防空墙演习

你可能听说过防空壕和防空洞，但一种轻如烟、软如云的防空墙却能给你带来惊奇，它以出色的以柔制刚的本领使敌机俯首称臣，胜似铜墙铁壁。不信，我们一起去看看这种新奇的防空墙表演吧！

在演习场上，演习组织者先向参观人员介绍演习内容。他风趣地说："你们不要以为防空墙是什么铜墙铁壁，它其实就是由一股股轻飘飘的烟云构成的软墙，是现代战场上的一种软防护。它就设在空中，好像一把保护伞，士兵、武器装备有了它的保护，一般就不会受到敌机的袭击。"

参观者被带到一片开阔地上。演习正式开始。一位中士拉响了手摇警报器，士兵们立即集合，而几名驾驶员跑向自己的坦克和装甲人员运输车。

当蓝色天空出现两颗红色信号弹时，4辆装甲车和30多个士兵一齐集中到了成直角的两条白线上。随后，装甲车熄火，士兵们蹲在那里。

这时，参观人员才发现，距离两条白线四五米的地方竖满了小型火箭。这些火箭也呈直线一个挨一个地排列着。火箭之间的

间隔为二三米。

防空枪响了两声以后，东边天际出现了飞机，看样子是向目标区飞来的。突然间，小火箭接连升空，劈劈啪啪地爆裂开来，一两秒钟内天空立即呈现一片烟雾，地面上的发烟罐也跟着喷出烟雾来。一时间，天地一色，云遮雾盖。

"敌机"本来是向目标区俯冲而来，这时不得不爬高，绕道远去。人们此刻才看清楚，小火箭是按编排的顺序有间隔地发射。

过了一会儿，"敌机"又在西边天空出现。当飞机又要低飞时，其余的火箭又飞上天去，飞机也再次拉升，转了几个弯飞走了。参观人员中有的看了看手表，估算出每次烟幕遮蔽时间都在 1 分钟以上。

警报解除了，蹲着的士兵们站了起来。

这时，热情的讲解员告诉大家，这是演习，不是作战，不然的话，飞机早被击落了。

参观人员向讲解员询问烟幕的高度。讲解员说，小火箭分别在 30 米、60 米、90 米处的空中爆炸、发烟，形成长 180 米、宽 120 米的三堵烟墙。

参加演习的飞行员坐吉普车过来了，参观人员立即拦住飞行员问长问短。有的问飞行员："你在上面看到什么，为什么不投弹、扫射？"

飞行员回答说："我从很远处就发现了车辆和步兵的大致轮廓，打算低飞接近目标，然后俯冲投弹或扫射。忽然，面前出现一片烟幕，

1. 发烟罐外形　　2. 揭开发烟罐提盖

3. 用擦火板点燃火棒　　4. 放烟幕

发烟罐施放过程

再接近就要坠入烟海。烟幕挡住我的视线，我只好升高。这时目标太小了，无法瞄准投弹。"

演习组织者说，他是个有经验的飞行员，敢于第二次回来，有些飞行员只通过目标区一次就被吓跑了，因为进入烟幕区是很危险的。

未 来 篇

随着军事科学技术的发展，在未来战场上，可能出现这样令人惊心动魄的情景：

战斗刚刚开始，突然狂风大作，暴雨如注，恶劣的天气不仅给部队的行动带来极大困难，而且给作战物资带来巨大损失；

在遥远的敌国深处，一枚枚洲际导弹腾空而起，可是不一会儿，这些导弹居然接二连三地出现断裂、失控和自行爆炸，眼看就要发生的核袭击被及时地阻止了；

在浩瀚的海洋深处，一艘艘担负战略使命的导弹核潜艇正在游弋，忽然之间，艇上的人员好像是着了魔，一个个肌肉痉挛，神经失常，七窍流血；

…………

这就是气象武器、粒子束武器、次声武器的威力！这并不是神话，而是科学家们对未来战场的一种科学预测。军事专家们预言：21 世纪的战场将是"信息化战场"。

航天飞机

1981 年 4 月 21 日，世界上第一架航天飞机"哥伦比亚"号，在一片欢呼声中升起并进入太空，在轨道上遨游 54 小时后，安全返回地面。航天飞机的诞生，是人类航天史上的一个重要里程碑。

目前的航天飞机和宇宙飞船一样，需要用运载火箭从发射台垂直向上发射。

航天飞机发射时，3 台主发动机和位于外部燃料箱两旁的两台火箭助推器同时点火。刹那间，航天飞机便从发射架上腾空而起。当航天飞机上升到 45 千米的高空时，两台火箭助推器燃烧完毕并自动脱离航天飞机。这时，航天飞机的速度已高达每小时 5000 千米，由于这时主发动机仍在继续工作，所以航天飞机继续飞向高空。

在航天飞机进入预定轨道后，运载舱门自动打开，可执行各种任务。它在轨道上的飞行时间可长达一个月。完成任务以后，航天飞机在机动发动机的作用下离开轨道，然后再入大气层，最后像普通飞机那样对准跑道俯冲着陆。

在未来太空战中，航天飞机是理想的

"天上指挥所"。在这里，指挥员居高临下，视野开阔，可以直接看到整个战场，可以随机应变地调兵遣将，机动灵活地指挥作战。

利用航天飞机上的雷达和技术先进的电子设备，不仅能对敌方的飞机、导弹进行跟踪，而且能监视、跟踪地面上的坦克和海上的舰艇等活动目标。

如果利用航天飞机在地球的同步轨道（在这种轨道上，航天飞机相对于地球是静止不动的）上设置通信天线，就能接通数万条话路。到那时，在战场上作战的众多士兵，只要携带与手表一样大小的通话装置，就能通过航天飞机上的天线和他们的指挥官直接通话。航天飞机还能携带大型的照相和侦察设备，执行监视敌方潜艇和跟踪敌方导弹等特殊任务。

航天飞机既可用来发射、维修和回收卫星，还能用来截获和破坏敌方的卫星。它可以随时接近、跟踪和识别目标，攻击和摧毁敌方的"太空间谍"——侦察卫星；也能拦截敌方正在飞行途中的导弹；还能携带导弹去袭击敌方的各种目标。

随着激光武器、粒子束武器等太空武器的发展，航天飞机将成为未来太空战中的一员主将。

未来的潜艇

潜艇诞生于18世纪末，在第一次世界大战中锋芒毕露，出现了潜艇击沉大型军舰的战例。在第二次世界大战期间，被潜艇击沉的大中型水面舰艇多达300艘，运输船只多达500艘。

现代潜艇既能潜入水下，也能在水面航行。它主要用来攻击敌方的水面舰艇，破坏和摧毁敌方基地、港口和岸上目标。载有核导弹的潜艇，还可以袭击敌方的内地纵深目标。核潜艇能长时间地进行水下高速航行，更是一种很有发展前途的海战装备。

随着科学技术的发展和现代海战的需要，军事专家们正在着手绘制未来潜艇的蓝图。

向高速度迈进　潜艇航行速度快，既能预先占领有利的阵位，给敌人以突然打击；又能迅速避开敌方的攻击，以确保自身的安全。核动力潜艇能保持长时间的高速航行，未来的潜艇将大都采用核动力发动机。

　　为减少潜艇在水下航行时的阻力，必须尽量避免在艇体上开孔，并尽可能提高潜艇表面的光滑度。在潜艇表面包上一层弹性物质，可使它航行时的阻力减少一半左右；在潜艇上喷涂一层高分子聚合物溶液，也可明显降低阻力。专家们预计，未来潜艇的航行速度可望达到 50～60 节（1 节＝1 海里/小时）。

　　增大下潜深度。潜艇的下潜深度增加以后，其活动范围可以更广阔，从而更有利于开展机动灵活的战斗，更容易避开敌方反潜兵力的攻击。

　　目前潜艇的最大下潜深度约为 500 米，超过这个深度则潜艇壳体就会被海水的压力压坏。试验证明：用钛合金制作潜艇壳体可下潜到 1400 米；而采用增强塑料做壳体则可下潜到 4000 米以上。

　　大力降低噪音　潜艇的发动机和螺旋桨在工作时都会发出噪音。噪音越大则越不利于潜艇的隐蔽，容易被敌方的声纳装置发现。降低噪音，可通过改进发动机及螺旋桨的结构设计，以及加装隔音装置来实现。据报道，目前法国已造出无噪音潜艇。

　　延长潜伏时间　采用一种由特殊药物制成的箱装生氧设备，一个箱就可以保证潜艇潜伏一年所需的氧气。这种箱还能吸收人体排出的二氧化碳等气体，使舱室内的空气保持清洁。

　　采用现代通信技术　采用中微子通信，以加强潜艇与岸上的联系；利用超声波对艇外进行全息摄影，使潜艇内的人员能清楚地看到艇外的各种

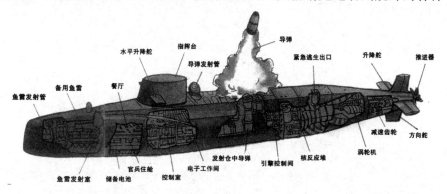

未来潜艇

图像。

采用先进武器　包括采用粒子束武器、激光武器等。

实现自动　操纵采用技术先进的电脑控制装置，使潜艇的操纵和指挥全部实现自动化。

动能武器

　　动能武器是未来的太空武器，它是一个武器系列，包括电磁炮、反卫星非核动能拦截弹、反导弹非核动能拦截弹、群射火箭等。

　　顾名思义，所谓动能武器，正是依靠非核弹头的高速运动所形成的巨大动能来直接撞击目标，将目标摧毁；而不是像某些常规武器那样，通过弹头本身的爆炸来摧毁目标。

　　电磁炮是这样一种装置：利用强大的电磁力来加速弹丸，使弹丸高速撞击目标而将其摧毁。它的发射原理同普通电动机的工作原理是一样的。如果我们把电磁炮看作是一台特殊的"电动机"，那么炮身就相当于电动机的"定子"，而炮弹则相当于电动机的"转子"。

　　电磁炮的炮身是两条长长的平行铜导轨，炮弹就夹在这两条导轨的中间（靠一端）。导轨通电后产生一个强大的电流，此电流沿其中一条导轨输入，流经炮弹，然后再由另外一条导轨返回。这样，就在这两条导轨之间形成一个强大的磁场，而该磁场与炮弹中的电流相互作用，产生一个强大的电磁力，此电磁力推动着炮弹沿导轨高速前进，其运行速度越来越高，最后被抛射出去，所以电磁炮又叫

电磁炮

"轨道炮"。据报道，美国的电磁炮试验室已将 300 克重的弹丸加速到 4000 米/秒，它能将 30 毫米厚的钢板射穿。

反卫星非核动能拦截弹是一种机载空对天导弹，它是依靠高速弹头的动能来撞击敌方的卫星。美国在 20 世纪 80 年代的一次试验中，成功地利用这种导弹摧毁了一颗废旧卫星。

这种导弹的工作过程是这样的：导弹脱离飞机后，弹上的惯性制导系统开始工作，同时红外传感器开始自动跟踪目标，导弹达到最大速度时其战斗部便与二级火箭脱离，弹头依靠小型计算机进行控制，并通过弹上的小型火箭（通过它们的点火与熄火）来修正弹道，最后弹头以每秒 13000 多米的高速撞击目标（卫星）。

反导弹非核动能拦截弹是一种"反导弹导弹"，它也是采用现成的导弹技术，使弹头达到每秒 9000 米以上的高速去撞击目标。目前美国研制的反导弹非核动能拦截弹都是用于大气层外的单弹头，其下一步目标将是研制多弹头分导拦截弹。

群射火箭是一种子弹式旋转稳定的

群射火箭

无控火箭，主要用来摧毁敌方来袭的再入段洲际导弹。在美国的"战略防御计划"中，把群射火箭作为最后一道反导屏障的主要武器系统。

气象武器

　　由人工来影响天气的事，虽然在历史上有人尝试过，但是真正大规模改造天气的试验，还是从 20 世纪 40 年代才开始的。

人工降雨

　　雨、雪、霰（xiàn）、雹等都是降水现象。不过，对于军事影响较大的还是降雨，特别是暴雨。

　　实施人工降雨的作业方法，通常是用飞机、火箭及火炮将催化剂播撒

人工降雨

到云彩中，或是用探空气球把装有火药和盐粉混合物的炸弹带到空中，使其在云彩底层附近爆炸，爆炸产生的微小粒子随着上升气流而进入云彩中，以促成人工降雨。

美国在越南战争中，从1966年到1972年间，利用东南亚地区西南季风盛行、季节多雨的客观条件，秘密地在老挝、越南、柬埔寨的毗邻地区进行人工降雨，造成局部地区洪水泛滥，使越南的主要物资通道"胡志明小道"泥泞难行，以阻断越南北方部队的机动物资装备的运输。在此期间，美国总共出动飞机2600多架次，投放催化弹47400多枚，耗资2160万美元，参与人数1400多人。

实施结果表明，对合适的云体播撒催化剂，可使云彩显著增多，使降水量显著增加，而造成局部地区洪水泛滥，甚至坝毁桥断而导致交通中断。

在1971年，"胡志明小道"每周有9000多辆军车通过；到了1972年，由于美军广泛地实施人工降雨，使得通过这里的军用车辆减少到不足原来的1/10，每周不到900辆。从效果上看，实施人工降雨比用B—52战略轰炸机实施轰炸效果要明显得多。

造雾与消雾

雾不像暴雨那样会造成大的灾难，也不像台风那样来势猛烈，然而，在战场上一旦出现浓雾，那么敌对双方就会像是在迷宫中角逐一样，给军事行动带来很大的影响。

例如，地面部队在进行机动转移和作战过程中，就可借助于人造雾来掩护自己的行动。通常是采用播撒气溶胶或燃烧红磷等手段，来进行人工造雾。

在第二次世界大战中，美国曾在意大利的伏尔特河岸人为地造成了长5千米、高1.6千米的雾层，

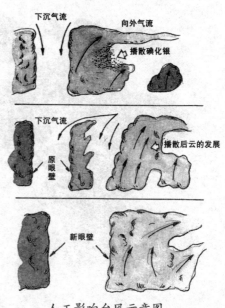

人工影响台风示意图

使得美军的渡河任务得以顺利完成。

人工消雾的方法目前也在加紧研究试验中，不过总的来说现在还不够成熟。

设想中的气象武器还有人工影响台风、人工诱发或抑制闪电、人工制造臭氧层"洞穴"等等。不过"道高一尺，魔高一丈"，有矛必有盾，人们总是可以找到各种相应的防御和对抗的措施。

电波射束武器

　　说起来也真新鲜，无线电波将成为未来战场上的一种"武器"——这就是美国等一些军事强国在加紧研制的"电波射束武器"。

　　这种武器首先是把敌方使用武器的人员作为袭击的对象。这一招儿比真枪实弹更为厉害，更难以招架。它所发出的是一种特超低频无线电波射束，可以使人脑出现"空白"和混乱，甚至造成死亡。人们把这种现象称为"死亡空白"。

　　电波射束武器除可用来攻击敌方的人员外，还可运用特殊的无线电波频率来破坏敌方武器系统中的电脑集成电路。这也和使人的头脑产生混乱

一样，使那些依靠电脑来进行控制的各种现代武器系统在极短的时间内陷于瘫痪，比如在不到一秒的时间内使敌方的坦克、飞机、导弹、侦察卫星等的工作失灵，甚至完全失效。

此外还有一种"微波辐射武器"，它是电波射束武器的"近亲"。这种武器更为可怕，它能像微波炉烤食品那样把敌军"烤熟"！

所谓"微波"，就是指频率为 0.3～300 千兆赫的无线电波。目前的家用微波炉以及军用雷达等，都是利用微波来进行工作的。

高功率的微波不但能伤害人体，而且也能破坏武器系统。当高功率的微波作用于人体时，能引起人体局部甚至全身温度升高，导致人体内脏充血、出血和出现水肿；严重时可使人体温度高达 43℃ 以上而导致死亡。

低功率的微波如果长时间作用于人体，也会对人体造成伤害。例如，在 20 世纪 70 年代，美国驻苏联大使馆曾长时间地受到微波干扰和微波侦察，结果导致使馆内的一些工作人员身患"微波病"。其主要症状是：精神萎靡，血压下降，内分泌功能紊乱，消化不良，烦躁不安，甚至有的人生育机能下降。

电波射束武器和微波辐射武器的发展，除了构成对人员的伤害之外，对于主要依靠电脑来进行控制的现代军事指挥系统和武器系统，也将是一个强有力的挑战。

次声武器

在自然界中，低频振荡的破坏性往往大于高频振荡，像海浪对于堤岸的撞击，频率越低则堤岸受到的损伤越大。

物理学上把声波每秒的振动次数叫做频率，而频率的单位为赫兹，简称为赫。由于人耳的生理特点所限，对于有些频率的声音，人耳是听不见的。实践表明，人耳能听见的声音频率范围为 20～20000 赫之间。高于20000 赫的声波称为超声波，而低于 20 赫的声波称为次声波。物理学家把次声波的频率范围定为 0.001～20 赫。

现代生理学的研究表明，人体各器官无时无刻不在进行着有节奏的脉冲式振动，而这些振动的频率大都在 3～17 赫之间。具体说来就是，腹部内脏的振动频率约为 4～8 赫，头部的振动频率约为 8～12 赫，心脏的振动

频率约为 5 赫……

由此我们不难看出，人体各器官的固有频率正好都被包含在次声的频率范围之内。这样，一旦当外界的次声频率与人体器官的固有频率相同时，就会发生"共振"。这种共振会使人体本身遭到伤害。次声的强度（功率）越大，则这种共振所构成的伤害程度就越大。所谓的次声武器，正是利用了次声对人体的这种杀伤机理。

各种动物的机体同样也具有其本身的固有振动频率，次声对动物同样也具有杀伤作用。有人用动物做过试验。把狗、猴子和狒狒同关在一个封闭的腔体里，腔体的一端装着一个大活塞并由发动机带动作往复运动，以产生次声波。试验表明，狗在 172 分贝的高强次声波作用下，有的明显地表现出呼吸困难，有的则死掉了；而猴子和狒狒都还活着。当声波强度达到 185～195 分贝时，用频率 7～9 赫的次声波进行试验，结果狗、猴子、狒狒都统统死掉了。经解剖发现，这些动物是由于心脏破裂而死亡的。

早在 20 世纪 60 年代，法国的国立声学和自动化研究所就造出了功率相当大的次声发生器。虽然这只不过是一种试验装置，但其威力也相当可观，有时使得试验室的墙壁也出现震颤，而在场的人员则往往感到很不舒服。

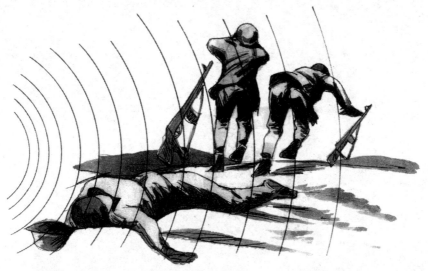

次声武器

科学家根据次声武器的杀伤机理，把它分为"神经型"和"器官型"两大类。前者主要是产生与人类神经性器官固有频率相同的次声波，它对于人的心理和意识有较大影响，使人感到心慌意乱，惶恐不安，甚至神经错乱，完全丧失思维能力；后者主要是产生与人体内脏器官固有频率相同的次声波，能对人的肌体造成直接伤害，如引起肌肉痉挛、血管破裂、内脏损伤等。

　　次声武器目前还处于研究探索阶段。关于这种武器将来用于实战的可行性，仍有待专家们作进一步的研究论证。

基因武器

基因是控制生物性状的遗传密码，它是由 DNA（脱氧核糖核酸）构成的。DNA 是构成基因的物质基础。在生物工程中，用来控制生物性状的遗传密码就是 DNA 中所包括的 4 种核苷酸，即腺嘌呤、胸腺嘧啶、鸟嘌呤和胞嘧啶。组成 DNA 的核苷酸虽然只有这么 4 种，但它们可以有许许多多的排列顺序，而不同的排列顺序就可以决定不同的信息，即遗传密码。

正如控制论的创始人维纳所说，技术的发展具有"为善和作恶"的双重性。基因工程技术的发展，无疑必将造福于人类，它在工农业生产、科学实验和医疗卫生等方面，将给人类带来巨大的社会经济效益；但如果它为军事目的服务，则必将给人类带来巨大的灾难。

基因武器又称遗传武器。它是采用遗传工程的方法，按照设计制造者的意图，通过基因重组，即通过重新排列 DNA 中那 4 种核苷酸的排列顺序，把一些特殊的致病基因移植到微生物体内，使之成为一种具有显著抗药性的致病菌。例如人体内的大肠杆菌本来是一种非致病微生物，在通过改变其基因之后，就变成了一种致病菌。由于这种致病菌利用了人种生化特征上的差异，因此它只对特定遗传型的人种才具有致病作用，而对除此以外的其他人种并不起作用。这样，基因武器的设计制造者就可以"有选择性地"利用这种武器来对某些特定的人种进行杀伤，而不会同时伤害在同一环境中的其他人种。

基因武器正是通过致病基因来感染人体的，而人们所感染的致病基因，只有设计制造者才能知道其遗传密码，因而也只有他们才能够解救染病者。这正是"解铃还需系铃人"！而其他人要在短期内来"破译"这种密码是不大可能的。因此，受害者只能坐以待毙，其他旁观者"爱莫能助"。

基因武器与普通生物武器在作用机理上是相同的，而两者在生产方法上却大不一样。普通生物武器是通过生物学方法在生物活体内制取的，而基因武器则是通过化学方法在试管中用酶作为催化剂从试管中生产出来的。

在使用普通生物武器时，对其杀伤区域往往难以进行控制，而在使用基因武器时就不存在这个问题。

尽管基因武器目前尚处于研究探索阶段，但已经引起了许多有识之士的担忧。目前科学家们对基因武器的忧虑，甚至远远超过了当年爱因斯坦等科学家对原子武器的忧虑。

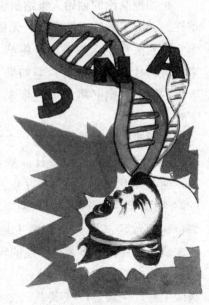

基因武器

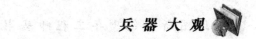

数字化部队

由于电脑技术及数字技术的发展突飞猛进，人们把 20 世纪 70 年代称为"数字化的 10 年"，把 80 年代称为"数字系统的 10 年"。现在，人们已经能够看到图像清晰、稳定性好、自动化程度高的数字电视。在发达国家销售的彩电中，采用数字电路的已占一大半。

据国外传媒介绍，一个崭新的兵种——数字化部队已经在国外诞生。

所谓数字化部队，简单地说就是装备了数字化通信系统的部队。数字化部队在编排和结构上与普通部队相同，也是采用班、排、连、营等的编

便携式卫星通信站不足 20 千克

制，他们所使用的武器也有枪炮、坦克、飞机、导弹等；所不同的是：数字化部队所拥有的数字化通信系统，使得这种部队彼此之间联系极为密切，其整体性极强，行动节奏极快，反应极为迅速。这些都是普通部队无法与之相比的。

数字通信的特点，是把声音、文字、图像信号变为数字信号来进行传输，其优点是抗干扰能力极强，传得远，保密性好。装备了数字化通信系统的部队，其信息极为灵通，对战场上敌我双方的情况了如指掌，因此其行动迅速而果断，总是能够适时地占据战场上的有利位置，抓住有利战机，始终掌握战争的主动权。

数字化部队使用的武器装备，其反应速度异常迅速。一旦发现目标以后，便以数字通信的方式将目标位置传给火炮部队，指挥火炮以迅雷不及掩耳之势对目标发动攻击。

现代战争的一个显著特点是诸兵种联合作战。各种部队分散活动，其流动性大，若采用传统通信联络方式，则必然给指挥调度上带来许多困难。而数字化部队则不存在这种困难，它能将战场上的情报侦察、通信、指挥和控制融为一个有机的整体，参战各军兵种能够做到密切合作，协同作战，指挥员指到哪里，部队就能打到哪里。

数字化部队的侦察兵使用数字照相机，拍出来的照片不用冲洗，可通过无线电传输手段随时传送到作战指挥中心，使指挥员对战场情况一目了然。安装在战士头盔上的电视数字摄像机，同样可以把战场上的情况随时

配备先进通信设备的战士，可随时和上级联系

通报给各级指挥官。

　　数字化部队的战士一旦受了伤，则可用数字通信手段及时向上级报告伤员所在的方位，以便于及时派救生直升机或汽车前来进行抢救，甚至其他战士还可以利用头盔摄像机对准伤员，将伤员负伤情况直接传给野战急救中心，以便采取紧急救护措施。

　　美国凭借在信息技术领域的优势，在部队的数字化建设方面处于相对领先的地位。组建数字化新军的活动，目前正在各军事强国中悄悄地进行。

电子屏障与现代国防

　　一提起保卫国防，人们往往只想到保卫主权和领土完整。然而在今天的条件下，这种认识则显得不够全面。现代战争的无数战例足以证明，现代国防与"电子屏障"是密不可分的。

　　所谓"陆海空天电"五维一体的战争，是指根据统一的作战计划，在统一指挥下，将地面作战、海域作战、空中作战、外层空间作战（太空战）和电子对抗（电子战）融为一体，全方位、多层次的现代立体战争。因此，一提到"国防"二字，就必须有"陆、海、空、天、电"一体化的整体概念。最近二三十年来所发生的一些影响较大的局部战争，包括越南战争、中东战争、马岛战争、黎巴嫩战争以及举世瞩目的海湾战争在内，

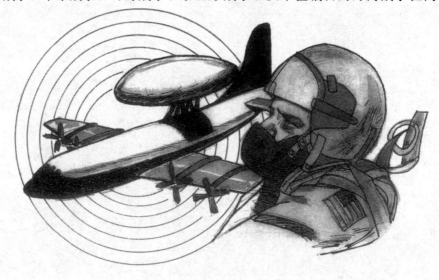

无不从各侧面雄辩地证明了这一点。

军事专家们把争夺现代战场上的"制电（磁）权"作为夺取战争主动权的"制高点"。这是因为随着电子技术的发展，各种现代武器装备的威力必须借助于电子技术才能得到充分发挥。利用电子对抗这一"软杀伤"手段来削弱乃至摧毁敌方的电子系统，比利用普通武器的"硬杀伤"手段去摧毁敌方几个有限的目标要重要得多，有效得多。从一定意义上说，谁能夺得电子战的主动权，谁就能赢得现代战争的胜利。

面对高技术条件下的现代战争，军事专家们提出了"两个作战空间"和"两个战场"的理论，认为在未来的军事对抗空间中，除了陆、海、空、天（太空）四维一体化的"地理作战空间"外，还要增加一个控制电

磁频谱的"第五维空间",而且认为这个"第五维空间"必将成为维系其他四维空间的关键纽带。从战场设置的观点来看,随着第五维空间的出现,将形成两种性质不同而又交融为一个整体的战场:一个是包括陆、海、空、天的有形的"地理战场",另一个是具有战略意义的无形的"电子战场"。没有"电子战场"上的主动权,就不会有陆上、海上、空中乃至太空作战的主动权。

在海湾战争中,号称"世界第四军事强国"的伊拉克,拥有为数不少的现代化武器,拥有百万之众的作战部队,并且有八年两伊战争的作战经验,但由于缺乏装备精良的电子作战部队,终于没有能够逃脱失败的命运。

事实证明,具有设备完善而技术先进的电子作战能力的国家,能够在其国家周围构筑起一道比火力屏障还要坚固可靠的"电子屏障",这是一道坚不可摧的无形的"万里长城"。

后 记

"科学技术是第一生产力"，同时科学技术又是最重要的战斗力。现代战争是军力和经济力的较量，而在某种意义上说也是科学技术的较量。高技术的发展，一方面为社会生产力带来了新的飞跃；而另一方面，高技术进入军事领域以后，就成了"军事力量倍增器"，给武器装备和军事战略战术思想带来极其深远的影响。

微电子技术、精确制导技术、光电子技术、机器人技术、航天技术、隐形技术等在军事领域的广泛应用，大大加快了武器装备更新换代的步伐。在 20 世纪之初，武器装备的更新换代周期是二三十年，而现在已经缩短到十年左右，而且还在不断缩短。

当今世界高技术武器库中的新式武器装备，可以说是琳琅满目，层出不穷，我们在这里不可能对它作全面系统的阐述。本书中除简略介绍了在最近一二十年来各个局部战争中已经投入实战的某些新式武器之外，还简要介绍了仍处于研制和探索之中的某些高技术武器装备。我们殷切地希望，这本书不仅能使广大青少年读者增长军事科技知识，而且还能帮助他们开阔视野，加强国防观念，增强爱国思想，进而立志为祖国的建设事业贡献自己的全部力量。

王 洪

1999 年 4 月 20 日北京